婴幼儿家庭照护指导

王 莉 柳 铭·主编

西北工业大学出版社

西 安

图书在版编目（CIP）数据

婴幼儿家庭照护指导 / 王莉，柳铭主编. —西安：西北工业大学出版社，2020.5
ISBN 978-7-5612-7112-4

Ⅰ．①婴… Ⅱ．①王… ②柳… Ⅲ．①婴幼儿-哺育 Ⅳ．①TS976.31

中国版本图书馆CIP数据核字（2020）第078480号

YINGYOUER JIATING ZHAOHU ZHIDAO
婴 幼 儿 家 庭 照 护 指 导

责任编辑：隋秀娟	策划编辑：唐小林	
责任校对：胡莉巾	装帧设计：李 飞	
出版发行：西北工业大学出版社		
通信地址：西安市友谊西路 127 号	邮 编：710072	
电 话：（029）88491757，88493844		
网 址：www.nwpup.com		
印 刷 者：西安国彩印刷有限公司		
开 本：787 mm×1 092 mm	1/16	
印 张：15.5		
字 数：266 千字		
版 次：2020 年 5 月第 1 版	2020 年 5 月第 1 次印刷	
定 价：98.00 元		

如有印装问题请与出版社联系调换

《婴幼儿家庭照护指导》编委会

主 编

王 莉 柳 铭

副主编

吴小桃 戴翠玲 田 聪

编 委

（按姓氏笔画排序）

马云云 王 莉 王登峰 田 聪

刘 欢 吴小桃 何蓉娜 陈知君

赵振国 柳 铭 傅丽娟 戴翠玲

前言

PREFACE

育儿必先育己。

做了新手爸爸妈妈后，如果你还固守着之前的生活习惯和知识储备，不能为了宝宝去更新自己的知识、学习如何教养孩子，那在你的陪伴下孩子必然会出现层出不穷的问题，你也就会变得不知所措、焦虑不安……因此说，在育儿这个问题上不仅不能偷懒，还要非常用心才行！

生理学家发现，儿童的智力发育和性格养成在0～3岁就已经完成了60%，这三年是大脑发育的黄金期；美国诺贝尔经济学奖得主詹姆斯·J.赫克曼在《因人而异的教育回报估计》一书中指出：对儿童教育投入的回报率0～3岁为1：18，3～6岁为1：7，小学为1：3，大学为1：1……因此，我们有理由认为：对孩子进行投资越小、越早越好，这才是事半功倍的明智之举！

3岁以下婴幼儿照护服务是保障和改善民生的重要内容，事关婴幼儿健康成长和千家万户的幸福。为促进解决"幼有所育"问题，国务院办公厅印发了《关于促进3岁以下婴幼儿照护服务发展的指导意见》，其中明确提出要坚持"家庭为主，托育补充"的原则，为婴幼儿家庭提供早期发展教育和健康指导，增强家庭科学育儿能力。

对0～3岁的婴幼儿来说，父母的关爱比什么都重要，但怎么爱，是一门学问。婴幼儿除了需要父母精心的照顾，帮助其身体机能良好地发育之外，还需要精神上的营养滋润，促进其身心和谐健康成长。长期在一线育儿工作实践，特别是在开展"幼儿园面向家长和社区开展公益性0～3岁早期教育服务指导研究（课题编号ZDKT1906）"课题的过程中，我们了解到越来越多的家长渴求优质的家庭婴幼儿照护指导，也愿意为孩子付出时间和精力来解决育儿道路上的困惑与疑问。

鉴于上述背景，我们悉心编撰了这本书，用图文并茂的形式分0~1岁、1~2岁、2~3岁三个年龄段解读宝宝的年龄特点、发展指标、养育及教育策略。

本书在每阶段的文章篇首，率先推介的是该年龄段婴幼儿的生长发育指标。家长在对标数值时，一定不必要求自己孩子的指标和标准数值一致，因为这些指标只是该年龄段孩子生长发育指标的平均值。也就是说，该平均值可以涵盖80%的婴幼儿，但也还有20%的婴幼儿低于或高于平均水平。例如，一般孩子在6~7个月就开始长牙，但也有孩子早在4~5个月时牙齿就已萌出，或晚到8~10个月才开始长牙——大部分指标正常，个别指标偏离平均值也是一种常态，家长不必忧心忡忡。

在不同年龄段的宝宝养育、教育策略中，我们用通俗易懂的文字给父母提出教养建议，并辅以亲子游戏和"温馨提示"突出重点，彰显指导性和实用性；根据前期的家庭走访和调查问卷，我们将家庭育儿中遇到的有代表性的问题提炼出来，采用或简问简答，或成因分析+对策处理的方式，给家长提供专业的指导意见和建议；用专门的篇幅介绍婴幼儿常见疾病和意外伤害的家庭护理步骤和方法，以使婴幼儿父母树立正确的育儿观念，掌握科学的育儿知识，学会正确的育儿方法，进而提升科学育儿的综合能力，促进家庭婴幼儿早期发展教育和健康指导的纵向发展，为孩子的健康成长奠定坚实的基础。

在此，需要特别说明的是，本书的策划者为王莉，主要撰写人员田聪、马云云、吴小桃、傅丽娟、戴翠玲在整个编写过程中付出了辛勤的劳动，才使本书得以付梓。当然，婴幼儿早期发展的教育和健康指导理论也是与时俱进的，加之我们实践经验的局限性，本书中所涉及的内容难免存在疏漏之处，欢迎同道和广大家长朋友们批评指正！

最后，对曾给予我们指导和协助的刘黎明（西安交通大学第一附属医院妇幼系教授）、康前雁（西安交通大学第一附属医院眼科教授）、李鹏龙（《儿童与健康》杂志社编辑），致以衷心的感谢！

王莉

2020年3月1日

目 录
CONTENTS

七、6～9个月婴幼儿教养建议

八、9～12个月婴幼儿教养建议

九、0～1岁婴幼儿家长常见问题解答

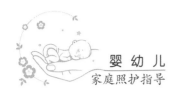

十、案例分析

第二章　1～2岁幼儿家庭照护指导

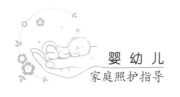
四、案例分析

第三章 　2~3岁幼儿家庭照护指导

一、2~3岁幼儿教养建议

二、2~3岁幼儿家长常见问题解答

第四章 婴幼儿常见症状与意外伤害的家庭处理

附　录

　　做父母是一件激动且喜悦的事。新手爸妈在迎来家庭新成员的同时，也面临着怎样科学养育宝宝健康成长的全新挑战。宝宝从出生到1岁是生长发育变化最大的时期，我们把这一时期划分成八个阶段。每个阶段以保健护理、科学喂养、生活环境安全、动作和语言发展、情绪与认识水平、社会性发展为框架，给予家长指导和重点建议。

第一章

0~1岁婴幼儿家庭照护指导

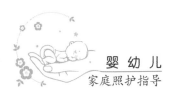

一、0~1个月婴幼儿教养建议

1月龄宝宝主要发展指标

★ 男孩平均身高54.8厘米，平均体重4.51千克；女孩平均身高53.7厘米，平均体重4.20千克。

★ 男孩平均头围36.9厘米，女孩平均头围36.2厘米。

★ 每天约20小时的睡眠时间。

★ 手心接触到成人手指反射性紧握，对抱起有反应。

★ 大多数宝宝具备的能力：俯卧时可以抬起头；能对声音做出反应；可以盯着人的脸看。

★ 50%的宝宝能做到：用眼睛短暂地追视物体；发出"呜呜"或"啊啊"的声音；看黑白图案。

★ 少数宝宝能做到：微笑，笑出声；将头抬起45°。

保育照护建议

1.新生儿喂养

（1）母乳喂养。

初乳对于宝宝而言非常重要。这是因为初乳中含有大量免疫球蛋白，具有排菌、抑菌和杀菌作用，是妈妈送给宝宝的"天然疫苗"。初乳有利于宝宝排清胎粪，顺利清退新生儿黄疸。

母乳中含有的DHA能使宝宝大脑发育更加健全；母乳中丰富的胆固醇，为激素以及维生素D的生成提供最基本的原料；母乳中的乳糖则可以经过分解产生半乳糖。因此，我们提倡"早接触、早吮吸、早开奶"。坚持母乳喂养，可以有效促进宝宝大脑和身体发育，建立良好的亲子情感。

（2）配乳喂养。

不是所有的新生儿都能采取纯母乳喂养，比如母乳不足、新生儿乳糖不耐受、患有出血性疾病等都是影响母乳喂养的因素，这时需要给新生儿挑选合适的婴儿奶粉。配乳喂养时，要注意宝宝的个体差异，按需喂奶（以宝宝吃饱为原则），不断观察、掌握宝宝的进食规律。

2.正确的喂奶方法

哺乳前，清洗双手，擦洗乳头乳晕；配乳前，消毒奶瓶。

妈妈呈坐位环抱宝宝，让宝宝呈侧卧位姿态，保持宝宝头高身子低的姿势，以防呛奶。哺乳时一侧吃空再换另一侧，下次相反。喂食配方奶时，奶汁要充满奶嘴头部，以免宝宝吸入空气。喂奶后竖抱宝宝，使其头部靠在成人肩膀上，轻拍宝宝后背，打出奶嗝，防止吐奶。

喂奶的正确姿势

3.冲泡奶粉的方法

　　开水晾成温水或者用恒温水壶备水（水温37～40℃为宜），先往奶瓶倒入适量水后加入奶粉，双手打开，掌心相对，夹住瓶身，匀速来回搓动，降低气泡的融入度。冲奶粉后滴一滴在手背上测试奶温，手背上感觉不凉不热便适合宝宝饮用。

4.新生儿的便便

　　大便的形状、次数和颜色等是判断宝宝健康与否的重要依据之一。

　　宝宝的正常便便：纯母乳喂养的宝宝，大便呈黄色或金黄色，黏稠度均匀，如膏状或糊状，可能偶尔偏稀或偏绿，有酸味但不臭；奶粉喂养的宝宝，大便呈固体状，浅黄色或淡黄色，偶尔会伴有臭味。

　　由于宝宝个体存在差异，生活环境也有差异，会存在非常规的排便情况。不管是不是理想的"黄金便便"，都不能只从大便情况来判断宝宝是否生病。任何一种疾病都不会只有单一的症状表现，可以通过观察宝宝的精神状态、睡眠、饮食等是否突然有和平时不一样的表现来做初步判断。

温馨提示：

◆ 胎便：宝宝出生头一两天排出的大便即为胎便，通常是黑黑的（类似深黑或墨绿色黏土状）；出生三天以后，就渐渐成为转型便——介于绿色和黄色之间的黏稠便。（如果不是刚出生的宝宝，出现了黑色大便，就要考虑是否有肠道问题，须咨询医生。）

◆ 绿便：人的胆汁是绿色的，肠道蠕动过快时，胆汁未来得及变成黄色就排出去了，这时排出的便便就是绿色的。当宝宝处于饥饿状态时，肠道蠕动就会过快，出现稀且量少的绿便；当铁元素吸收不完全时，未吸收的铁元素随便便排出体外，暴露在空气中后被氧化成绿色，也会出现绿色便便，这多见于奶粉喂养的宝宝。

◆ 泡沫便：大便带泡沫是糖代谢不完全的产物。若纯母乳喂养，常见于前奶吃得多，后奶吃得少的情况，也可能妈妈吃的甜食较多；若奶粉喂养，考虑奶粉中的糖分是否过多。

◆ 伴黑色条状物便：大便中伴有许多黑色条状物，像一条条小虫子，有可能是绦虫。

◆ 奶瓣便：奶瓣其实就是没有消化掉的脂肪。因饮食不当等因素导致消化不良，或者吃得过多导致营养过剩时，脂肪消化不完全就排出体外了，便便中就会夹有奶瓣。

◆ 油状物：宝宝大便发亮、油油的，偶尔放屁都带点黄色油状物，主要是油脂摄入过多消化不完导致的。这种现象常见于纯母乳喂养的宝宝，与妈妈的饮食过于油腻有关。

◆ 奇臭便便：有的宝宝的便便特别臭，其实就是蛋白质摄入过多，消化不完全导致的。

除胎便以外，以上情况多与消化不良有关。消化不良并非是生病了，主要原因是宝宝消化系统还未完全发育好，比较容易因饮食不当等因素而消化不良。只要宝宝精神状态好，生长发育情况良好，没有其他异常，就不用担心。此时，妈妈要多从宝宝的饮食以及相关卫生状况找原因。

5.宝宝睡眠

月子里的宝宝大部分时间都在睡觉，日平均睡眠时间18～20小时，每次约45分钟，由浅睡到深睡交替，这期间每2～4小时会需要吃奶。宝宝的生物钟还没有建立，需要家长日夜照顾宝宝，不断养成宝宝吃和睡的规律。

宝宝进行空气浴

6.宝宝的衣物

给宝宝准备宽松、柔软、舒适的纯棉衣物，勤洗勤换，日光下晒干。

7.给宝宝洗澡

准备工作：宝宝洗澡前先调整室温至26～28℃，水温38～40℃；时间安排在宝宝吃奶前1～1.5小时，每次5～10分钟为宜；洗澡水不需要太多，三分之一浴盆就够，这样大人容易扶住宝宝。

洗澡方法：洗澡时先清洗宝宝的头部和面部，清洗完头部后先用浴巾包裹好宝宝身体再放入浴盆，防止宝宝从手中滑脱，然后清洗身体其他部位；洗好后用干浴巾包裹宝宝。

8.室内空气浴

宝宝出生2周后，在无风、气温适宜的天气，可怀抱宝宝在窗前或者阳台处进行空气浴锻炼。从室内开窗换气开始，2～3天后再到阳台上进行。

空气浴适宜在气温25℃以上进行，锻炼时逐渐减少衣服，最后到裸体。

空气浴的时间可根据宝宝不同年龄和身体状况而定，从最初的5分钟逐渐延长到30分钟左右，1天2～3次。

9.拍照注意事项

宝宝出生后，年轻父母们喜欢给宝宝拍照留念，但注意一定不要开闪光灯，因为闪光灯会对宝宝的视力发育产生不良的影响。

10.补充维生素D

宝宝出生10～15天后，每天给宝宝补充400IU（400国际单位，1IU维生素D为0.025微克）的维生素补充剂，并推荐长期补充，直至青少年期。在保证维生素D的前提下，母乳及配方奶中的钙足以满足宝宝需要，不需额外补充。

11.新生儿吐奶

宝宝的胃呈水平状（成人为垂直状），可容纳的食量小，食管肌肉的张力低，贲门松弛。新生儿比较容易出现吐奶的情况。

新生儿吐奶有生理和病理两种原因：

生理性吐奶属于正常情况，多是喂奶的姿势不正确，吸入空气导致的。妈妈应注意每次喂奶量不要过大，喂奶后先把宝宝竖起来，轻轻拍打宝宝背部，拍出"奶嗝"后再变换其他姿势。另外，过快、过早添加辅食，也会造成吐奶。

病理性吐奶是由身体疾病引起的，比如肠胃疾病、呼吸道感染等。一般在出生后1～2周不明显，3周后开始每次吃完奶后有喷射状吐奶（甚至口鼻一起喷），并伴有奶块，宝宝体重减轻，精神状态一天比一天差，这多为病理性吐奶，应及时寻求小儿科医生诊治。

宝宝吐奶时，应立即采取侧位，以免发生呛咳窒息！

12.臀部护理

宝宝的皮肤十分细嫩，尿液、粪便等容易对皮肤造成刺激，从而使宝宝出现红臀的情况。

应在吃奶后半小时检测宝宝大小便情况（女宝宝还要注意背部是否被尿液浸湿），及时给宝宝清理。更换尿布时，先用温水清洗肛门周围，防止臀部出现尿布

疹；如果出现红疹、痱子、湿疹等皮肤过敏症，应及时解开尿布通风透气，适当涂抹一些儿童润肤霜或水乳来缓解症状。同时，注意给宝宝调整好合适的空气温度和湿度，避免让宝宝的皮肤暴露于过高或过低的气温中。冬夏季节可以使用空调调整室温。

13.新生儿黄疸现象辨别

宝宝出生2~3天后，会出现新生儿黄疸现象。

黄疸分为生理性黄疸和病理性黄疸。

生理性黄疸表现为：白眼球和面部发黄，在宝宝出生后的2~3天出现，4~6天最严重，10~14天可自行消退。生理性黄疸对婴儿是有益的——可以抗氧化、消炎，不需要进行特殊处理。

病理性黄疸表现为：出现早（出生后24小时内），发展过快，程度重，消退过晚或退而复现，同时，宝宝不爱吃奶，精神状态不好。对于病理性黄疸，如果不加以控制，会引发严重脑损伤或者肝损坏。因此，父母要观察宝宝黄疸的发生及变化，积极听取医生的建议。

14.脐带护理

婴儿出生时脐带被切断后便形成了创面，这是细菌侵入新生儿体内的一个重要门户，轻者可造成脐炎，重者往往导致败血症，甚至死亡，因此脐带的消毒护理十分重要。在脐带脱落前，应保持肚脐周围干燥，特别要注意用尿布或纸尿裤的男宝宝，一旦小便时浸湿了脐带部位，就要及时用纱布蘸清水擦拭，并用消毒棉棒清洁脐带根部，避免感染。

15.新生儿湿疹防治

新生儿湿疹的主要症状：皮肤表面出现红斑、米粒样丘疹、疱疹、糜烂、渗液和结痂，局部皮肤有灼热感和瘙痒感，所以宝宝总是试图抓挠或表现得烦躁不安。湿疹通常分布在宝宝的头、面颊、外耳部，甚至遍及整个颜面部和颈部，严重的手、足和胸腹部都可见到。

出现新生儿湿疹时应去医院就医，在医生的指导下严格用药，切勿自行使用激素类药物。

爸爸妈妈一定要做好护理工作：宝宝着装要宽松，以纯棉衣物为主，勤换洗、勤晾晒；视情况每日用清水给宝宝洗浴一次，水温37～40℃即可；沐浴后先在宝宝湿疹部位涂上医生指导用的药膏，再在无湿疹的部位涂上润肤剂。

另外，母乳妈妈要注意尽量忌食辛辣刺激性食物，忌食发湿、动血、动气食物。

> **温馨提示**
>
> ◆ 湿疹宝宝洗澡用清水即可，切忌用沐浴露和肥皂。
>
> ◆ 沐浴后涂上适量的润肤剂，可以增加皮肤含水量，补充皮脂含量，修复受损皮肤，改善皮肤屏障功能。润肤剂有霜剂、软膏、乳剂、油剂和凝胶等剂型，油剂太油腻不推荐使用。具体哪种类型的润肤剂更适合自己的宝宝，可在咨询医生后选择。

16.满月体检

满月体检尤为重要。宝宝满月时，应准备好儿童保健手册、疫苗接种手册，以及家长的身份证、户口本、宝宝的出生证明等，去社区医院做婴儿满月健康体检，对宝宝的发育情况做一个全面评估。同时，还要为宝宝办理计划免疫卡，按照医嘱时间及时接种疫苗。

动作发展建议

1.抚触操

宝宝出生后，在无语言交流的情况下，可以通过肌肤接触进行母婴间情感交流，使宝宝心情愉悦，同时促进血液循环、肌肉协调，增强宝宝身体的免疫功能。对于剖宫产宝宝，可以消除剖宫产后的一些不良影响，建立深刻的亲子感情。

准备工作：

（1）将房间调整到适宜的温度（26℃左右）。

（2）准备温和、舒缓的音乐，帮助宝宝放松身心。

（3）家长提前修剪指甲，洁净双手，摘下手上的饰物。

（4）喂奶半小时后进行抚触操锻炼，每天1～3次，每次5～10分钟，具体以宝宝的接受度为准。

（5）沐浴后可使用婴儿按摩油，家长将按摩油涂抹在自己的掌心，揉搓发热后抚触效果更佳。

方法：

第一节：抚摸腹部。

功能：刺激消化器官与排泄器官功能，有助于内脏的活动。

手法1：双手外侧贴于宝宝腹部，从上到下交替按摩宝宝腹部。

手法2：左右手交替从腹部上方向下方画半圆揉腹部。

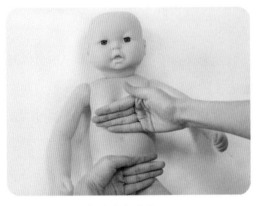

抚摸腹部手法1

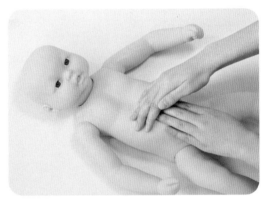

抚摸腹部手法2

第二节：胸肩按摩。

功能：刺激心脏和肺，增强呼吸系统功能。

手法1：双手从宝宝胸部沿肋骨向外侧抚摸。

手法2：双手至肩部，沿着肩膀向胸部中央画心形抚摸。

胸肩按摩手法1　　　　　　　　　　　　胸肩按摩手法2

第三节：背部按摩。

功能：脊椎挺拔，帮助宝宝发育。

手法1：宝宝趴姿，用手指指肚沿脊椎周围画小圈圈。

手法2：用指肚沿脊椎、臀部画小圈圈。

背部按摩手法1　　　　　　　　　　　　背部按摩手法2

第四节：手臂按摩。

功能：锻炼肌肉，促进大脑、神经系统发育。

手法1：左手手掌扶住宝宝手腕，右手从小臂向上搓揉至肩膀。

手法2：左手手掌扶住宝宝手腕，右手从肩膀向下搓揉至小臂。

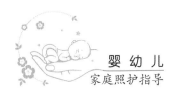

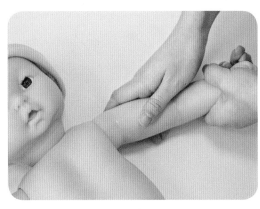

手臂按摩手法1

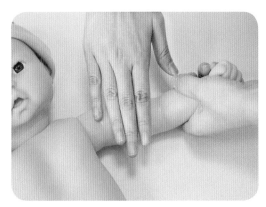

手臂按摩手法2

第五节：腿部按摩。

功能： 提高肌肉、骨骼和关节的柔韧性。

手法1： 左手握住宝宝脚踝，从上向下抚摸。

手法2： 立起宝宝腿部，手掌搓揉脚踝和膝盖之间的部位。

腿部按摩手法1

腿部按摩手法2

2.小手按摩操

当触碰宝宝手掌时，宝宝会出现抓握反射。家长可配合儿歌一起做抚触，提高宝宝触觉感受力。

▶ 游戏：小手小脚。

玩法：家长一只手握住宝宝小手，另一只手用拇指、食指、中指从宝宝手掌根依次抚摸宝宝的五个指头，每伸展一个指头，说一句儿歌。

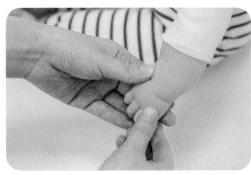

按摩小手操

 儿歌：五只小猪

这只小猪爱睡觉，（从大拇指根部按压至指尖）

这只小猪爱吃奶，（从食指根部按压至指尖）

这只小猪爱跑步，（从中指根部按压至指尖）

这只小猪爱洗澡，（从无名指根部按压至指尖）

最小的小猪妈妈要不要！（从小指根部按压至指尖）

要！可爱的小猪妈妈全都要！（轻握宝宝拳头三下）

3.小脚按摩操

脚底是内脏的反射区，按摩宝宝的小脚可促进血液循环、新陈代谢，使宝宝身心放松。

手法1：按压脚底。双手拇指反复按压脚跟、脚趾中间部位。

手法2：揉搓脚趾。左手固定脚踝，右手拇指、食指从每个脚趾根揉搓至脚尖。

手法3：搓揉脚踝。左、右手掌固定脚踝，相互对搓。

手法4：抚摸足弓。左手固定脚跟，右手食指重复抚摸宝宝的足弓位置。

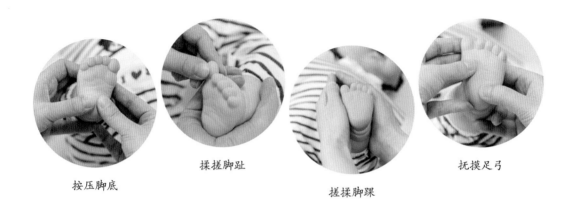

按压脚底　　　　　揉搓脚趾　　　　　搓揉脚踝　　　　　抚摸足弓

4.瞬间抬头

宝宝能维持瞬间抬头，可以刺激伸展肌发展。在两次哺乳间隙，抱宝宝呈俯卧位，轻抚宝宝脖颈部，吸引宝宝朝向有声响的地方抬头。

语言能力发展建议

1.感受妈妈的声音

宝宝清醒时，喜欢被怀抱，以及与他（她）说话、逗笑。家长可以对宝宝进行积极的声音刺激，使用自然的生活语言与宝宝交谈，此时宝宝还不明白，但是这些词语会储存在其大脑中，随着成长宝宝会逐渐理解这些词语的含义。这对宝宝的听觉注意和听觉理解有长远意义。

2.听力筛查

取30粒豆子放在瓶中，在安静的环境中，在距离宝宝30厘米处短促摇响，听力正常的宝宝面部和身体都会有反应，如皱眉、眨眼、闭眼、睁眼或者停止吮吸动作，全身出现紧张反应，或者哭声停止和减少；如没有观察到变化，可间隔1分钟后重测；如宝宝没有反应，可在医生指导下做进一步检查干预。

3.聆听"哭"语言

哭是新生儿的一种特殊语言，当宝宝有饥饿、困乏、无聊、尿湿等不适感时，就会用哭声清晰地表达出来。这时家长要用亲切、柔和的言语与宝宝沟通，细心分辨宝宝的哭声，找寻哭声背后的原因，并及时帮助宝宝解决困扰。

4. 亲子阅读

其实，亲子阅读从胎教就可以开始了。

刚刚出生的宝宝，大部分时间都处于睡眠状态。在宝宝清醒并状态良好时，妈妈或爸爸每天可以在固定时间给宝宝读2~3分钟的绘本，绘本的内容多以重复的句子出现。日复一日的坚持，会让宝宝不断熟悉妈妈爸爸的声音，加深印象，形成听书的条件反射。

《婴儿视觉激发套卡》

《我爱妈妈》

《晚安，月亮》

情绪情感发展建议

喜欢被抚摸、看笑脸

平静和哭闹是宝宝最初的情绪反应。宝宝感到无聊、饥饿、难受时都会用"哭"来表达，心满意足时则情绪平静。创设宽松、友好的家庭氛围，使宝宝获得安全感、满足感，有助于其良好性格的形成，如房间整洁、光线柔和、恒温，与宝宝交流时微笑、声音轻柔，宝宝哭闹时积极回应并满足其需求，使其尽快平静放松。

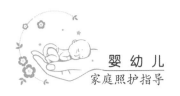

认知发展建议

1.区分明暗

宝宝出生后，视力不到0.1，只能看清20～25厘米范围内的物品。宝宝喜欢看妈妈的面庞（哺乳时，宝宝能看清妈妈脸的距离），对明与暗的光线及移动物体较为敏感。可在宝宝小床附近布置黑白色挂饰，让宝宝专注地看，促进视觉发育，同时，家长注意观察宝宝眼球对焦情况和观看频率。

悬挂黑白大卡

2.发达的嗅、味、触觉

宝宝出生后就启动了嗅觉、味觉和触觉，在以后的几周内迅速完善并发挥积极作用。在黑暗处，宝宝依靠鼻子闻、口触迅速找到妈妈的乳头，用发达的味蕾判断味道。在第一个月中，妈妈亲密地和宝宝在一起生活，并通过嗅、味、触觉与宝宝建立稳固的亲子依恋关系，促进宝宝知觉发展。

2月龄宝宝主要发展指标

★ 男孩平均身高58.7厘米，平均体重5.68千克；女孩平均身高57.4厘米，平均体重5.21千克。

★ 男孩平均头围38.9厘米，女孩平均头围38.0厘米。

★ 抓握反射消失，出现自觉的抓握动作。

★ 大多数宝宝具备的能力：发出"咯咯""咕咕"的声音；眼睛可以在视力范围内追视物体；注意到了自己的小手；可以抬起头保持一小会儿。

★ 50%的宝宝能做到：微笑，笑出声；将头抬起45°；动作更平稳、连贯。

★ 少数宝宝能做到：稳当地抬着头；用腿支撑身体重量；俯卧时抬起头和肩膀。

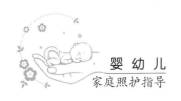
保育照护建议

1.宝宝吃饱的标准

母乳喂养时，宝宝连续吮吸乳汁3～5分钟后，妈妈的乳房变得松软，宝宝表现得满足、安静，每天大便3～5次，呈浅黄色糊状。这是母乳喂养充足的表现。

奶粉喂养时，应根据宝宝的个体差异，按照宝宝喂奶后的表现、大便质量、体重增减情况判断喂养是否适当，以吃饱并能消化为标准。

2.宝宝便便

家长通过宝宝的排便次数、气味、颜色了解宝宝的健康状况。

能吃能睡，大便呈香蕉状，是健康的标志；大便发硬是便秘的表现；大便内有泡沫，排便次数增多，可能是消化不良；大便水分多，呈绿色，是消化道感染，须送医院治疗。

3.作息规律

帮助宝宝养成良好的生活作息习惯，逐渐形成一日四个"吃→玩→睡"的生活规律。

第一个　6：00—6：30　起床、更换尿布、盥洗、喂奶

　　　　6：30—8：00　玩耍、锻炼、视听游戏、空气浴

　　　　8：00—10：00　换尿布、第一次睡眠

第二个　10：00—10：30　喂奶

　　　　10：30—12：00　玩耍、锻炼、视听游戏、日光浴

　　　　12：00—14：00　换尿布、第二次睡眠

第三个　14：00—14：30　喂奶

　　　　14：30—16：00　玩耍、锻炼、视听游戏、户外活动

　　　　16：00—18：00　换尿布、第三次睡眠

第四个　18：00—18：30　喂奶

　　　　18：30—20：00　玩耍、锻炼、视听游戏、日光浴

　　　　20：00—次日6：00　换尿布、第四次睡眠（22：00、2：00各喂奶一次）

4.哄睡

父母要帮助宝宝养成困了自然入睡的良好习惯。

如需摇晃哄睡，妈妈应抱着宝宝摇动自己的身体，切记大幅摇动宝宝的身体，幅度过大的摇动可能会对宝宝大脑造成损伤。

5.宝宝穿衣

根据季节、温度变化给宝宝准备柔软、吸湿、透气性好的纯棉质地衣物。衣服式样应简单、宽松，不妨碍宝宝的四肢及躯体活动。

足月健康的宝宝，1～2个月时比成人多穿一件衣服就可以了。

6.修剪指甲

定期给宝宝做局部清洁——修剪手指甲，以免新生儿抓伤脸部。

新生儿的指甲非常柔软，家长可以趁孩子熟睡时小心仔细地修剪。应使用宝宝专用的指甲剪，一般3～4日修剪一次。

7.婴儿床围栏

给宝宝选购周围有护栏的婴儿专用床，防止宝宝从床上跌落。

宝宝睡在床上或在床上玩耍时，旁边要有成人看护；当成人临时离开时，可以把棉被或枕头置于宝宝的周围，防止宝宝坠床。

8.婴儿用品消毒

宝宝平时用的物品需要经常消毒。

毛巾、尿布可用煮沸的方法消毒；衣服、被褥和其他床上用品可通过太阳照射消

毒；室内空气和地面一般不要用消毒剂消毒，通过开窗通风就能达到消毒的目的。

宝宝用品一般不用消毒剂消毒，因为残留的消毒剂会刺激宝宝的皮肤或黏膜。

9.保持宝宝皮肤干爽

宝宝在第2个月开始进入体重快速增长阶段，宝宝的皮下脂肪开始增多——耳后、下巴、颈部、腋窝、胳膊、肘窝、臀部、大腿根和大腿等处有许多皱褶。

在炎热的夏季，为了防止宝宝身上的皱褶处出汗并发生糜烂，不少爸爸妈妈经常使用爽身粉或痱子粉，起到润滑、减小皮肤摩擦的作用。但爽身粉或痱子粉是把双刃剑，在它们被汗液浸湿后反而会使皮肤摩擦加剧，而且还会沾在皮肤上刺激宝宝稚嫩的皮肤，导致宝宝皮肤红肿甚至加速糜烂。

因此，最好是经常用清水给宝宝洗澡，然后用柔软的布或毛巾擦干，再涂上婴儿油或者液体痱子水，这样处理可预防皮肤皱褶处糜烂，并且副作用最小。

10.婴儿头皮痂的处理

婴儿头顶上会出现鱼鳞状、看起来脏兮兮的头皮痂，又叫乳痂，与遗传因素、营养因素及生活因素有关。其中，生活习惯是最重要的因素。许多地方有不给婴儿洗澡、洗头的风俗，日久天长就会使乳痂越积越厚。

最简单的处理方法：将婴儿油涂在乳痂表面，浸润数小时，乳痂就会变得松软，薄的乳痂会自然脱落，比较厚的乳痂可用小梳子轻轻地梳一梳，便会脱落，然后再用温水轻轻洗净头部的油污。

如果一次去除不彻底，可以重复几次，切忌强行抠除宝宝的头皮痂。

11.肠绞痛

肠绞痛一般发生在接近满月的宝宝身上，大约从3周时开始，高发期在第6周。

宝宝毫无预兆地大声尖叫、大哭是肠绞痛的主要表现。宝宝哭闹的时候双腿可能会向腹部收缩，小手乱动，最明显的症状是腹部有胀气；有的宝宝在哭闹的同时还会伴有其他动作，比如长时间、高频率地摇头，有时候会紧握双拳，双脚僵直或弯曲；

有些还会有喘息急促、腹胀、手脚冰凉等现象。此时，家长无论怎样安抚呵护宝宝，都不能缓解症状，除非宝宝自己的力气耗尽了，或者排便、放屁后，才能有所缓解。

此症状在一天之中的任何时间段都有可能出现，但最常见的是在黄昏和夜晚。

宝宝出现肠绞痛的时候，父母可以采取"飞机抱"的姿势缓解孩子腹部胀气的症状，还可以让其侧卧或者俯卧在床上，局部压迫宝宝的腹部或者轻轻按摩孩子的背部，以缓解疼痛，促进排便；症状不能缓解时父母最好及时带宝宝到医院进行检查。

动作发展建议

1.被动操

被动操是宝宝和家长之间的运动游戏，坚持为1～6个月的宝宝做被动操，通过伸展肢体，可使宝宝动作更加灵敏、肌肉发达，同时提高宝宝对外界环境的适应能力。

准备工作：

（1）保持室内空气清新。

（2）将宝宝放在铺好垫子的硬板床上。

（3）准备温和舒缓的音乐，帮助宝宝放松身心。

（4）喂奶半小时后进行被动操锻炼，每天2～3次。

（5）如宝宝情绪不佳，可调整为抚触操。

方法：

第一节：准备动作。按摩全身，家长握宝宝手腕，宝宝握家长拇指，将双臂放于身体双侧。

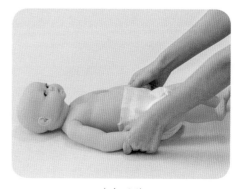

准备动作

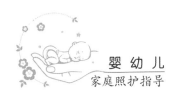

第二节：双臂交叉。两臂左右分开平展，两臂胸前交叉。

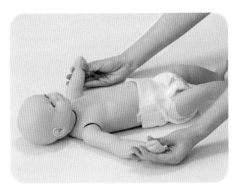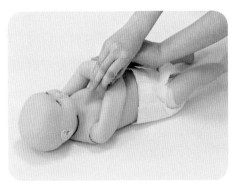

双臂交叉

第三节：上肢屈伸。左臂肘关节屈伸，伸直还原；右侧同。

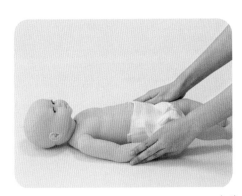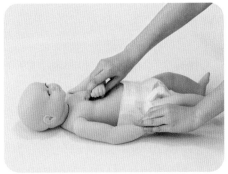

上肢屈伸

第四节：下肢屈伸。宝宝仰卧，双腿伸直，家长握脚踝，单膝弯曲，膝缩近于腹部，伸直还原；另一侧同，交替进行。

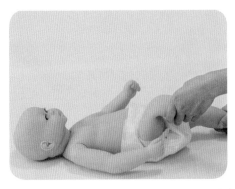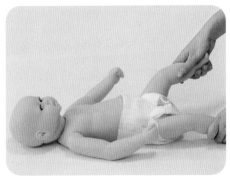

下肢屈伸

第五节：两腿伸直上举。将宝宝两腿伸直上举与腹部成直角。

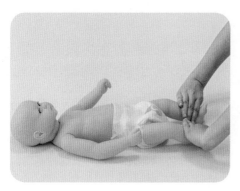 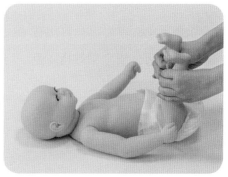

两腿伸直上举

第六节：蹦跳运动。按摩全身，放松休息。

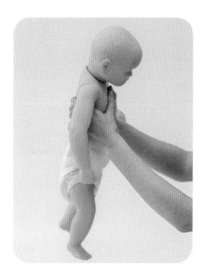

蹦跳运动

2.转头找妈妈

宝宝俯趴时，可以用手肘撑起身体，抬头15°～30°。头颈控制是此阶段动作发展的最重要指标，家长应给予宝宝更多练习机会，如宝宝仰卧或俯卧位时，妈妈在宝宝四周呼唤，吸引其抬头、转头追寻。每天可进行多次练习，增强宝宝颈部力量。

3.小小拳击手

宝宝上肢活动频率提高，喜欢在空中挥动拳头。可以给宝宝悬挂彩色球、吊环，放小铃铛在宝宝手边，让宝宝碰撞、抓握，提高手眼协调能力及玩耍兴趣。

抓握悬挂的玩具

4.握紧、松开

家长将食指插入宝宝紧握的手指缝（小指指缝）中，摇动宝宝手并说："宝宝你好，握握手做朋友。"稍等片刻后，轻拍宝宝手背使其手指松开，再换另一只手进行练习。双手重复练习，强化手指屈伸及握物能力。

语言能力发展建议

1.发音增多

宝宝哭声减少，有时会发出浑浊的 a、o、e喉音，家长听到了要及时给予回应。如当宝宝发出a、a的声音，妈妈说："a、a宝宝是在叫妈妈吧？再叫一声妈妈，妈——妈——"吸引宝宝注视并重复发音。挠挠宝宝腋窝、肚子上的痒痒肉，也会逗引宝宝发出笑声。

2.丰富听觉感受

宝宝对语言中的音高和音调敏感，因此，在交谈中可变换不同的语音方式，注重音节的停顿、重复和节奏。将宝宝带入家人的交谈中，让宝宝习惯这种语音交流方式。

3.亲子阅读

此阶段基本与前一个月相同，在阅读时父母要和宝宝有交流，比如可以对宝宝说：宝宝，妈妈要讲故事了，宝宝好好听哦。

《真果果婴儿视觉训练卡》
《我喜欢的鹅妈妈童谣》
《爸爸和我》

情绪情感发展建议

1.喜欢被关注

宝宝喜欢有人跟他玩耍，开心时能以微笑应答。家长要经常跟宝宝说话，挠痒逗宝宝笑，做按摩操，怀抱宝宝，播放音乐等，增强宝宝愉快的情绪体验。

2.亲子互动：笑一个

妈妈怀抱宝宝与之对视，微笑着轻呼宝宝乳名："宝宝，笑一个。"宝宝笑了，夸奖宝宝笑得好看。如果宝宝没有反应，就挠挠宝宝的下巴或者肚子说："一、二、三，挠痒痒了，宝宝笑了。"

认知发展建议

1.吮吸小手

0～1岁是宝宝的口欲期，吮吸手指是该阶段宝宝主要的学习方式。宝宝通过口腔内丰富的触觉细胞认知自己和熟悉环境。在宝宝清醒时，家长应给宝宝打开包被，

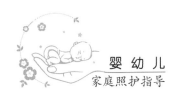
挽起宝宝袖口过腕，露出小手，保持其手部卫生，让宝宝在尽情的"吃手"中认识世界。

2.喜欢哪种味道

宝宝开始出现嗅觉偏好，闻到刺激的气味会呼吸加快；不喜欢的气味会转头避开。家长可切开香蕉、柠檬、苹果等，让宝宝闻一闻，观察宝宝的嗅觉喜好。随着宝宝月龄的增加，可提供多种材料让宝宝闻一闻，促进嗅觉发展。

三、2～3个月婴幼儿教养建议

3月龄宝宝主要发展指标

★ 男孩平均身高62.0厘米，平均体重6.70千克；女孩平均身高60.6厘米，平均体重6.13千克。

★ 男孩平均头围40.5厘米，女孩平均头围39.5厘米。

★ 体重约为出生时的两倍，这个时期是脑细胞生长的第二个高峰期。

★ 大多数宝宝具备的能力：能够认出妈妈的脸和气味；可以稳当地抬着头；眼睛可以追视移动的物体。

★ 50%的宝宝能做到：尖叫；发出"咯咯""咕咕"的声音；会吐泡泡；认得照料者的声音；做小型俯卧撑。

★ 少数宝宝能做到：从俯卧翻身到仰卧；听到大声响时，会转过头去寻找；把双手放在一起，用手拍打玩具。

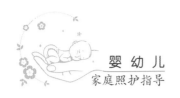

保育照护建议

1.坚持母乳哺乳

母乳很容易被吸收，母乳喂养的宝宝应按需哺乳，只要母乳充足，一般每隔3～4小时吃一次。但由于每个宝宝的体质不同，所以父母要根据自己宝宝的情况来确定宝宝的吃奶量和喂奶时间的规律。注意不要让宝宝养成吃吃停停、每次喂奶长达20～30分钟的不良习惯。

2.混合喂养

混合喂养时，每次应先给孩子喂母乳，然后再喂奶粉；也可以母乳、奶粉间隔喂养。

应同时关注宝宝的大便情况：如果宝宝大便较以前发白成块，偶尔次数增多，水分增加，但宝宝状态良好，这是宝宝对奶粉的适应期。

3.规律作息

把宝宝的一日作息时间安排表张贴在家中显眼的位置，供照顾者参考。

当哺乳和睡觉的间隔时间加长时，可以在此期间增加刺激感官发展的游戏，如交谈、逗乐、唱歌，等宝宝累了、困了再安排睡觉。

4.安全用眼

选择图书和玩具时，不要挑选可以反光和荧光色彩的，以免影响宝宝的视觉发育。

如果家长发现宝宝眼球有对焦不一致的现象，要给予适度干预——可经常抱宝宝在户外观看移动的汽车、晃动的树叶、墙上的图片等，促进双眼统合协调；如果家长发现宝宝的眼睛视线完全相反，应及时带宝宝去医院眼科检查治疗。

5.宝宝理发

给宝宝理发可不是一件容易的事，因为宝宝的颅骨较软、头皮柔嫩，理发时宝宝也不懂得配合，稍有不慎就可能弄伤宝宝的头皮。

第一次理发最好在宝宝3个月之后。如果夏季宝宝的头发较长，为避免头皮长痱子可适当提前理发。理发最好在宝宝睡眠时进行，以免宝宝哭闹乱动。

理发可以用剪刀或婴儿理发专用的推子，理发前应先把梳子、剪刀或推子等理发工具用浓度为75%的酒精进行消毒。

6.合理补充维生素

按时体检，在医生的指导下及时、合理地添加生长所需的营养素。

婴儿处于生长发育的快速期，身体易缺乏维生素，其中最常见的是维生素A和D的缺乏。建议用非配方奶喂养的宝宝和冬季出生的母乳喂养宝宝从出生后第15天起按预防剂量进行补充。

配方奶喂养宝宝如果奶粉中摄入维生素D量达到400IU/天时，不必另行补充。

7.安全座椅

父母自驾车外出时，须为宝宝准备专用的安全座椅。

安全座椅必须反向安装在后座，因为当正面受到碰撞时，反向安装的座椅能够托住宝宝的颈部并且分散冲撞力，极大地保护孩子的安全。

动作发展建议

1.坚持按摩操和被动操锻炼

坚持每日做按摩操、被动操锻炼至第6个月。只要宝宝精神好，身体状态良好，便可以利用日光浴及换尿布间隙开展锻炼。

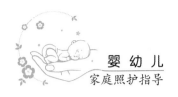
2.自创家庭运动操

做操时，家长可结合生活体验和传统儿歌创编属于自己宝宝的游戏体操。

▶ **亲子体操：蹬骑三轮车**

握住宝宝双手、双腿摆动，感受音乐节奏，激发愉快情绪。

玩法：宝宝仰卧，家长双手握住宝宝手腕（脚腕），左右交替做摆动或蹬车状，边做边有节奏地说唱儿歌："三轮车，跑得快，上面坐个小乖乖，要五毛给一块，你说好笑不好笑？"当说到"好笑"时，轻挠宝宝脚心，逗宝宝发笑。

蹬骑三轮车体操

3.侧翻身

宝宝仰卧时，家长在其身体一侧放上玩具逗引其侧身够取，或尝试牵拉宝宝紧握的玩具向一侧翻转。家长可结合日常照护，在换尿布时先让宝宝翻至一侧，然后再翻至另一侧，向左右两边做翻身动作。

4.抓握练习

宝宝仰卧时，给宝宝玩具，宝宝会双手伸直拿取，并能拿稳15～30秒。准备有声响、色彩鲜艳、无毒卫生、适合宝宝手掌大小的玩具如圆环、拨浪鼓、捏响玩具等散落在宝宝身体周围，让宝宝随意抓握，同时提供多种材质（如竹编、木头、塑料、橡胶等）的玩具。

语言能力发展建议

1.听辨声源

宝宝开始辨识声音了，当听到熟悉的人说话就会把头转过来看，除此之外，宝宝还喜欢听他的声音。家长可以寻找生活中的材料让宝宝听辨，如钟表声、风铃声、开门声等，观察宝宝的反应，也可采取游戏方式，站在宝宝背后，分别在宝宝左边和右边摇响铃铛，观察宝宝有无转头寻找声源，从而锻炼宝宝听觉灵敏度。

2.积极回应

宝宝喜欢听自己的声音，并会主动发音，对不同的需求，嘴里能发出不同的哭声，家长要善于解读宝宝的情绪语言，给予积极回应。如宝宝饥饿时，会发出急促的哭喊声，妈妈可以抱起宝宝说："宝宝着急找妈妈，肚子饿了是不是？"积极的沟通习惯养成可以激发宝宝的表现欲望，有助于宝宝语言能力的发展。

3.亲子阅读

《拉拉布书启蒙与认知——宝宝手掌书系列》

《白看黑》

《脸，脸，各种各样的脸》

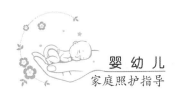
情绪情感发展建议

见人就笑

宝宝哭的时候越来越少，见到有人来就会自发微笑，并用表情、动作、声音表现出愉快的情绪。家长要关注宝宝的新变化，用微笑、亲吻、抚摸、交谈等方式积极回应宝宝。家里其他成员也要积极与宝宝互动，满足宝宝交往需求。

▶ **亲子互动：鳄鱼大嘴巴**

家长双手十指张开、合上模拟"鳄鱼嘴巴"，随着儿歌内容做抓住和放开动作，引发宝宝积极的情绪体验。可以变换"抓住"宝宝身体不同部位，提高身体感知力。

 儿歌

鳄鱼、鳄鱼大嘴巴，宝宝的小手被吃掉（抓住宝宝小手）

鳄鱼、鳄鱼打哈欠，宝宝的小手快跑掉（放开宝宝小手）

认知发展建议

1.触摸各种物品

此阶段的宝宝对有色彩、发声发响的物品感兴趣，家长可以给宝宝准备无毒、安全的玩具和生活物品，如小沙锤、铃铛、把玩玩具、塑料小碗、小勺等，让宝宝触摸、把玩和啃咬，提高触觉感受力。

2.观看移动物体

宝宝眼球能灵活地连续追踪移动物体，家长可带宝宝观察飘动的树叶、电动小汽车、滚皮球、小朋友的追逐，提高宝宝视觉敏感度和视觉追踪能力。应避免选择带闪光灯的电动玩具，以免过度刺激宝宝眼睛。

四、3～4个月婴幼儿教养建议

4月龄宝宝主要发展指标

★ 男孩平均身高64.6厘米，平均体重7.45千克；女孩平均身高63.1厘米，平均体重6.83千克。

★ 男孩平均头围41.7厘米，女孩为40.7厘米。

★ 对新鲜事物的注视时间增长，玩具不见后，可以快速移动视线去寻找。

★ 大多数宝宝能掌握的能力：微笑，笑出声；可以用腿支撑身体重量；对他说话时能做出"咕咕"的回应。

★ 50%的宝宝能做到：抓住一个玩具；从俯卧翻身到仰卧。

★ 少数宝宝能做到：模仿发出"爸爸""大大"的声音；长出第一颗牙；准备好开始添加辅食了。

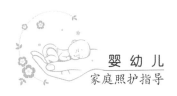

保育照护建议

1.喂养方法

母乳喂养的宝宝在乳汁充足的情况下无需增加其他食物；混合喂养和人工喂养的宝宝应每隔3～4小时喂奶1次，每次约150毫升，每天6次，全天总奶量不能超过1000毫升。

此时宝宝食量增大，吮吸力量也增强，应根据宝宝体重增加的情况减少夜间喂奶次数。

2.母乳储存

这时候，很多职场妈妈休完产假要去上班了，对于母乳喂养的宝宝，可将挤好的母乳放在冰箱或冰冻袋里冷冻，每袋只需存放1次喂奶的量，在每个袋子上贴好日期标签，每次取用储存时间最早的奶给宝宝饮用。

3.配方奶的选择

目前市场上销售的配方奶主要分为四类：

第一类，大多数为牛奶配方奶，用于各种由于母亲方面的原因不能进行母乳喂养的宝宝。

第二类，不含乳糖的牛奶配方奶，适合不能耐受乳糖的婴儿食用。

第三类，大豆配方奶可用于不能耐受乳糖的婴儿、对牛奶过敏的婴儿、母乳缺乏而乳制品不足地区的婴儿，以及患有半乳糖血症的婴儿。由于大豆配方奶中蛋白的质量及钙和矿物质的吸收率都不如牛奶配方奶，使用时应严格掌握宝宝的适应度。

第四，特殊配方奶是专用于患有某些疾病的孩子，如苯丙酮尿症等，此时应按照专业医生的指导选择适宜的配方奶。

4.给宝宝喂水

6个月内宝宝不论是母乳喂养还是配方奶喂养，通常都能获得足够的水分，不需要额外补充。但在炎热的夏季，环境温度高、婴儿有口渴的表现、包被太厚、体温升高或皮肤出现汗疱疹时，可在两顿奶之间适当喂一些水，每日2～3次即可。如果宝宝拒绝，说明他不需要，不要强迫宝宝喝。

5.宝宝睡眠

宝宝睡眠时间逐渐减少，此阶段应帮助宝宝建立规律的睡眠习惯。

良好的睡眠习惯是：按时睡，按时醒，睡时安稳，醒来时情绪饱满，并可以愉快地进食和玩耍。这种有规律的睡眠习惯，不但有利于宝宝的体格发育，还能促进宝宝神经系统和心理的发育。

6.安抚奶嘴

当宝宝哭闹时，有些家长会用安抚奶嘴来安抚宝宝情绪。使用安抚奶嘴的宝宝可能会出现依赖安抚奶嘴的情况，严重者会因此出现语言发育迟缓、牙齿和嘴巴畸形的问题。因此，安抚奶嘴应尽量在一岁前停止使用，以免宝宝越大越难戒掉。

7.护理囟门

3～4个月宝宝的后囟门开始闭合。

照料者要注意，在宝宝后囟门闭合前一定要防止头部，尤其是囟门被坚硬的物体碰撞，特别要注意家中的家具，如桌角、椅凳角、门把手等；洗澡洗头时，用温水轻轻地擦洗。

给宝宝使用的枕头要柔软，太硬的绿豆枕、砂粒枕很容易使宝宝的头部受到挤压而变形。夏季外出时要给宝宝准备遮阳帽，因囟门较薄，阳光直射可能会导致宝宝中暑；冬天外出时要给宝宝戴较厚的帽子，保护囟门并减少热量的散失。

8.准备口水巾

宝宝口腔容量小、吞咽能力弱，这个阶段流口水现象开始出现了，家长需为宝宝准备3～4条柔软、吸水性强的纯棉口水巾，以备随时擦拭，擦拭后可涂抹婴儿润肤霜。

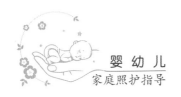

9.清洁被褥

宝宝的被褥要适合季节变化，以宝宝睡下片刻后手脚温暖无汗为标准。被褥、被罩、床单、睡衣要勤洗、勤晒、勤换。

宝宝出生6个月内头发很容易脱落在枕头上，这是生理上的脱毛现象，要及时清除枕头上的头发，以免引起皮肤过敏。

10.意外防护

不要在无人照看的情况下把宝宝放在床边、桌上或沙发上，防止宝宝突然学会翻身并掉下来。这在3个月的宝宝中是最常见的事情，照料者一定要注意。

11.观察宝宝的异常变化

和宝宝形影不离的妈妈最能观察到宝宝的异常表现，如以往睡觉醒来总会咿咿呀呀一通自言自语，可突然蔫蔫的没有精神……此刻的任务是带宝宝去看医生。如果依照宝宝状态去看书或查百度，也许会因为判断失误而耽误宝宝病情。

动作发展建议

1.练习翻身

在侧翻身的基础上，家长可调整宝宝腿的位置，练习翻身。如右侧翻身时，家长帮助宝宝将左腿放在右腿上面，按照侧翻身的方法，练习由"仰卧—侧卧—俯卧"的180°翻身。在此基础上，将玩具放在宝宝够不着的地方，宝宝为够取玩具先侧翻90°，伸手使劲够也够不着时会全身使劲超过90°变成俯卧位。练习翻身时，可采用"俯卧位—仰卧位"的翻身法。

2.仰卧抬头

抱坐时，宝宝头不再低垂。进行仰卧抬头练习时，家长握住宝宝双手做拉起动作，宝宝颈部用力主动抬起头部；如果宝宝头向后仰，可以在宝宝身后放上靠垫辅助宝宝进行半卧位练习，然后再进行平卧位拉起抬头练习。

3.俯卧抬头

宝宝俯卧位，将玩具放在宝宝头上方，吸引宝宝抬头抬胸寻找，反复进行练习，提高宝宝双臂支撑力。

俯卧抬头

4.摆弄手指

宝宝喜欢看自己的手，并能将手和拳头伸进嘴里吸吮。给宝宝挽起衣服袖子，露出灵巧的小手，让宝宝探索和发现自己的手和手指。

5.伸手够物品

宝宝可以用手掌侧边（小指）接触玩具并握住。家长可抱宝宝坐在桌边，摆放宝宝喜欢且易握住的物品，如圆环、手绢、积木、摇铃等，引导宝宝伸手够取；在宝宝够取物品后，和宝宝摇一摇、敲一敲，提高宝宝的握物能力。

语言能力发展建议

1.叫名字回头

宝宝对妈妈的声音很敏感，当听到妈妈声音时可转头寻找。妈妈经常呼唤宝宝的名字，宝宝抬头观望或微笑，逐渐理解自己的名字；其他家人也要配合固定宝宝的称呼，频繁变换会使宝宝产生混乱，从而延迟记忆。

 儿歌

叮叮当、叮叮当，我的宝贝（宝宝乳名）在哪里？

宝贝（宝宝乳名）转头找妈妈，妈妈在你的身后藏。

2.有趣的声响

宝宝能使用嗓子、舌头和嘴的合作发出更多的元音了，家长可以跟宝宝玩唇边游戏。如嘴唇紧闭后吸气再张开，发出"啪、啪"声；弹舌"得、得"声；舌头舔嘴唇"吸溜"声；气流快速从双唇冲出的"突、突"声。这些有趣的声响，不但会引起宝宝发笑，还会让宝宝有兴致地模仿发声，锻炼口唇灵活性。

3.亲子阅读

宝宝可以辨认色彩了，这个阶段多选择童谣、儿歌，押韵的文字很容易吸引宝宝的注意力。

妈妈或爸爸将宝宝亲密地揽在怀中，手捧绘本一页一页地翻书读给宝宝听，3分钟即可，这就开始真正意义上的亲子阅读了。家长可以根据歌谣内容进行一些语调上的处理，还可跟随节奏晃动身体，家长的积极投入可让宝宝尽快熟悉朗读者的声音和韵律。家长经常重复朗读，可让宝宝对声音产生兴趣，记得每天最好在固定时间阅读。

推荐书目

《中国童谣》
《拔萝卜》
《阿福去散步》
《好大的红苹果》

情绪情感发展建议

亲近妈妈

宝宝出现了亲近妈妈的情感，只要妈妈在身边就觉得安稳、开心。妈妈经常陪伴在宝宝身边，给宝宝唱歌，一起做游戏，宝宝会感受到妈妈的爱意，进而建立起情感依恋关系；同时鼓励爸爸参与到日常育儿照护中，如游戏、洗澡、换尿布等，在父爱、母爱中培养亲子间良好的情感。

▶ **家庭游戏：双人舞**

妈妈抱宝宝在胸前，随着轻快的音乐做身体摆动，观察宝宝情绪，并做适当的（快慢、幅度）调整。父母可轮流陪宝宝跳舞，让宝宝感受愉快的情绪体验。

家庭游戏：双人舞

认知发展建议

1.认识亲近人

宝宝对常见家人的长相及声音有明确的情感记忆。家长要有意识地向宝宝介绍自己和家里其他人的称呼，经常重复并指给宝宝看，加深宝宝记忆；也可以在带宝宝出门散步时，给宝宝介绍周围邻居，开阔宝宝眼界，提高其辨识力。

2.喜爱听音乐

宝宝天生就喜欢听音乐，因此从出生（或胎教）起就应养成听音乐的习惯。家长应选择舒缓、优美、轻快、无歌词的世界名曲及大自然的声音让宝宝感受，促进其智力开发。

 摇篮曲2～3首（曲目）

《安睡吧宝贝》

《紫竹调》

《东北摇篮曲》

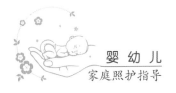
五、4~5个月婴幼儿教养建议

5月龄宝宝主要发展指标

★ 男孩平均身高66.7厘米，平均体重8.00千克；女孩平均身高65.2厘米，平均体重7.36千克。

★ 男孩平均头围42.7厘米，女孩平均头围41.6厘米。

★ 宝宝已经能够自如地翻身，能够从仰卧翻身到俯卧，并能把双手从胸部抽出来。

★ 宝宝视觉和触觉越来越协调，看到什么东西都想去摸一摸。

★ 当你面对宝宝说话时，宝宝会仔细地注视你的嘴，并试图去模仿。

★ 大多数宝宝具备的能力：可以分辨醒目的颜色；玩自己的小手小脚。

★ 50%的宝宝能做到：知道自己的名字；转向新的声音；从俯卧翻身到仰卧，或从仰卧翻身到俯卧。

★ 少数宝宝能做到：不用支撑坐一小会儿；把东西塞到嘴里。少数宝宝可能出现分离焦虑。

保育照护建议

1.生理性流涎

宝宝接近萌牙期，由于乳牙萌出对牙龈神经产生刺激，所以形成"生理性流涎"。家长应给宝宝准备口水巾、润肤油、围嘴儿，并及时擦拭唇边、下巴、脖颈及胸部的口水，使皮肤保持干燥和清洁，防止发生糜烂。

2.口腔护理

无论宝宝的牙齿是否萌出，在喂奶或者食用其他辅食后都要喂几口白开水，用水冲洗口腔内残留的食物残渣；也可以用婴儿指套牙刷给宝宝清洁上下牙龈，让宝宝养成清洁口腔的习惯。不能让宝宝养成含着奶嘴或用食物哄睡的不良习惯。

萌牙前后，宝宝会因牙龈肿胀变得情绪烦躁。家长除了经常用手按摩宝宝牙龈缓解肿胀感外，还可以将清洗干净的磨牙胶棒放置在冰箱内冷却，然后给宝宝咀嚼，不仅可以缓解疼痛，还有助于刺激乳牙生长。

3.宝宝睡枕的选择

随着4～5个月宝宝的颈椎发育，可以给宝宝准备第一个睡枕了。

使用枕头初期，可以将毛巾对折，稍微垫高头部，观察宝宝是否舒服、呼吸是否通畅。然后再准备高度适宜的枕头——高度为3～4厘米，长度与宝宝的肩部同宽。枕套应选用纯棉布料，枕芯填充物可选择荞麦皮，这有利于散热和头骨发育。

4.夜啼

5个月的宝宝是发生夜啼的高峰阶段，排除生物钟颠倒或者室内温度过高造成宝宝睡眠不踏实外，应考虑近期添加辅食后对睡眠产生的影响——如果因为辅食添加不足产生饥饿感哭闹时，家长应调整喂食量；如果因饮食过量导致积食造成宝宝不适时，家长可用手从后颈部依次向下按摩至背部，帮助宝宝消除积食。

另外，不开灯、不逗引、轻拍安抚，宝宝很快就会再次入睡。

5.更换尿布的方法

给宝宝更换纸尿布的时间应在喂奶半小时后。

当发现宝宝尿湿或者排便了，要及时给宝宝更换清理，以免尿液或便便长时间浸渍宝宝的皮肤，产生细菌。如果宝宝使用的是尿布，更应该及时更换，使宝宝的臀部保持清洁、干爽的状态。

换尿布时，妈妈可以跟宝宝进行语言沟通，比如说："宝宝，我们来换尿布吧！换个尿布就舒服啦！"如果宝宝很享受和配合，在清洁后可以让宝宝进行伸腿等简单的体操运动，然后再包尿布或纸尿裤。

6.宝宝打嗝的应对

宝宝喝奶时吸进了空气，内脏中横膈膜受到刺激会引起打嗝现象，此时家长可以抱着宝宝轻拍宝宝背部，喂一些温水转移宝宝的注意力；如果打嗝还没有停止，可以采用挠脚心、捏耳朵等方式使宝宝啼哭，帮助宝宝膈肌收缩，宝宝的打嗝就会自然消失。

7.宝宝的着装

宝宝活动量逐渐增大，可给宝宝选择连体和开襟低领的服装，款式简单大方，以舒适、柔软、浅色为主；衣服上不宜有扣子、拉链、扣环、别针之类的装饰物，避免宝宝吞食后造成危险。

8.环境创设

随着宝宝头部运动、身体运动能力的提高，视力逐渐清晰，宝宝对周围环境更加感兴趣了。这个阶段可给宝宝创设适当的色彩刺激，红色、黄色、橙色、浅黄色、浅绿色都能很好地发展宝宝的智力。调整宝宝床单、窗帘、玩具、墙壁四周及挂图的色彩搭配，可以提高宝宝观察、探索的兴趣。

9.选择安全的玩具

家长应当给宝宝选择无毒、无棱角、轻、软、不怕啃、不易吞食、易于抓握玩耍的玩具。毛绒、带线绳、玻璃或者体积小的玩具不宜让宝宝玩耍；危险的物品应放在宝宝够不着的地方，以免发生意外。

10.选购婴儿车

宝宝出生后，应根据不同年龄阶段为宝宝选择不同的婴儿车。

一般分为两种：一种是坐卧两用婴儿车，一种是外出用的便携式折叠婴儿车。这两类车各有各的用途，适用于不同场合。4～5个月的宝宝由于坐得还不稳，建议家长为其选择安全舒适的坐卧两用婴儿车。

动作发展建议

1.连滚翻身

宝宝的上下肢活动灵活，肌肉有力，能协调好头部左右转动，多数宝宝可以进行"俯卧—仰卧—俯卧"的连滚翻身。

当宝宝在室内玩耍时，应调试合适温度，给宝宝穿宽松且较少的衣服，便于宝宝灵活挪动和翻转身体练习。同时提供足够大的活动空间，将宝宝活动区域从床上移向地板上，可在地板上铺设爬行垫，摆放宝宝喜欢的玩具，吸引宝宝翻转够取。

2.蹦跳站直

宝宝双腿肌张力减弱，屈伸双腿自如。家长可通过跟宝宝游戏，提高双腿的灵活性。如双手扶宝宝腋窝向上举，宝宝的双脚可成弹簧动作，落下时腿伸直并短时负重。家长边做动作边有节奏地说唱儿歌，如："小白兔，蹦蹦跳，跳得高，跳得低。"

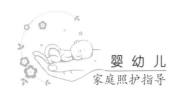

3.仰卧踢腿

宝宝仰卧时，双腿可抬高，双手抱脚玩耍，可伸向嘴巴里啃咬；家长可准备悬挂气球让宝宝蹬踢够取，提高身体柔韧性并锻炼腰腹力量，为爬行作准备。

4.空中抓铃铛

宝宝俯趴时能四肢离地，抬头45°角够取玩具。可将大铃铛（或其他宝宝喜欢的玩具）悬挂在宝宝头顶上方，宝宝抬头双手够取或抓握，促进身体协调及稳定性。

语言能力发展建议

1.日常交流

利用日常生活进行语言互动，加强宝宝对事物的理解能力。如早上起床时跟宝宝说："宝宝起床啦，伸伸小手穿衣服，蹬蹬小腿穿裤子。"家长说小手、小腿的同时，要指向所指位置。同样在吃奶或者户外散步时，抓住环境中不同事物跟宝宝交流，让宝宝理解词语与物的对应。

2.咿呀发音

宝宝第一次无意识地发出类似于词的连续音节，如ba-ba、ma-ma，语音还有些含糊不清，但是爸爸妈妈听到宝宝会叫人了，表现出喜悦并回应时，就会激发宝宝极大的兴致连续发音。家长要时刻鼓励宝宝的行为，不断地强化宝宝的重叠辅音发声。

▶ **亲子游戏：打哇哇**

家长用手在自己的嘴上"打哇哇"，然后握住宝宝的小手在宝宝的小嘴上"打哇哇"，让宝宝学习动作与声音的配合。

3.亲子阅读

宝宝对声音越来越有兴趣，尤其听到爸爸、妈妈的声音时，也会回应一些声音。

宝宝对色彩敏感，家长可准备适合宝宝的读物，将阅读当成生活的一部分，每天多次、每次控制在3分钟，与宝宝共度阅读时光。每次可选择色彩鲜艳（饱和）、画面简洁、内容单一的卡片书1～2本，清晰、缓慢地朗读给宝宝听，激发宝宝的阅读兴致。

《橘子橘子》系列

《亮丽精美触摸书系列》

《吃什么呢》

《亲爱的动物园》

情绪情感发展建议

出门社交

宝宝能辨识熟人和生人了，在家里较活泼的宝宝到了一个新环境会安静、腼腆。家长抱宝宝出门时，应陪伴在宝宝身边，给宝宝介绍周围事物，使宝宝情绪积极、愉快，有安全感；当遇到熟人或宝宝的小伙伴时，主动大方地打招呼，介绍宝宝，将宝宝自然地带入群体。

认知发展建议

1.随声寻找

宝宝对忽然消失的东西有寻找的欲望，有了看不见并非消失的意识，如将带响声的小球在宝宝眼前落地，宝宝会用眼睛随声寻找。在此基础上，家长可在宝宝面前用手遮盖玩具，观察宝宝有无盯看或抓家长手的动作，从而激发其探索欲望。

2.认识第一个物品名称

宝宝可以开始认物品名称了，从宝宝感兴趣的常见物品开始。如认识灯，家长开灯时给宝宝指着说："这是灯，我要开灯了。"几次重复后，问宝宝灯在哪儿，宝宝就会用眼睛寻找并示意自己找到了。认识第一件物品名称需要一段时间，家长每天重复多次，宝宝理解了名称的含义，才能真正把物和名对应起来。

六、5～6个月婴幼儿教养建议

6月龄宝宝主要发展指标

★ 男孩平均身高68.4厘米，平均体重8.41千克；女孩平均身高66.8厘米，平均体重7.77千克。

★ 男孩平均头围43.6厘米，女孩平均头围42.4厘米。

★ 大脑重量是出生时的两倍。

★ 大多数宝宝具备的能力：会转向声响和说话声；模仿发声，向熟悉的人微笑；能从俯卧翻身到仰卧，或从仰卧翻身到俯卧；开始认生，会发脾气。

★ 50%的宝宝能做到：准备好开始添加辅食；不用支撑坐着；把东西塞到嘴里；把物品从一只手递到另一只手。

★ 少数宝宝能做到：身体可以向前扑或开始爬了；可以含混不清地说话或发出某些音节；把物品拉向自己。

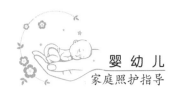

保育照护建议

1.添加辅食的信号

何时开始给宝宝添加辅食呢？是4个月、5个月还是6个月？答案是：一定要根据宝宝的具体情况而定。

宝宝需要添加辅食前，会给父母以下信号：

第一，宝宝体重达到出生时的2倍，一般至少要长到6千克。

第二，大人吃饭时宝宝表现出明显的兴趣。

第三，身体发育良好，尤其是脖子能够支撑住头部自由转动。

第四，出现了吃不饱的现象。

第五，出现了尝试吃东西的行为，即当家长把食物放进宝宝嘴里时，宝宝会试着舔进嘴里并咽下。

第六，宝宝挺舌反射消失。

> **温馨提示**
>
> 宝宝大概在4~6个月会具备这些条件，最早不会早于4个月，最晚不会晚于8个月。当宝宝发出上述信号时（第一点和第二点都要满足，剩下几点满足越多，说明宝宝准备得越充分），就可以给宝宝添加辅食了。

2.初次添加辅食

初次给宝宝添加辅食时，家长要用试一试的心态观察宝宝的口味、喜好。

辅食添加的顺序：谷类食物（建议宝宝吃的第一口辅食为婴儿营养米粉，其质地细腻，容易消化吸收，很适合宝宝的肠胃）→五六天后可以逐步加入根茎类食物（如土豆泥、红薯泥、山药泥）→蔬菜泥和水果泥→动物性食物建议按鸡肉、猪肉、牛肉、鱼的顺序添加（可做成泥，也可以选择肉松类；鱼泥晚些添加，主要是鱼肉蛋白质含量高，应防止过早食用导致过敏）→8个月可吃蛋黄，最好1岁以后吃全蛋，如蒸水蛋、煮蛋等。

辅食添加的方法：重点是要把握住"循序渐进、逐步增加种类"的原则。新品种单一添加后应观察2～3天，如果宝宝没有出现呕吐、腹泻、皮疹等过敏反应，方可再添加第二种食物；一旦发现有不良反应，要立即停止新添加的食物——对鱼、蛋类等过敏的宝宝则需要回避该食物至少3个月以上，重新添加时须仔细观察，一旦过敏仍须继续回避，严重过敏时及时带宝宝就医。

这个阶段，母体储存到婴儿肝脏的铁已接近耗竭，需要补充含铁的食物以促进髓磷脂合成、神经系统发育，预防缺铁性贫血。而蛋黄中含铁量较高，宝宝也较容易吸收。

温馨提示

◆ 5～6个月的宝宝仍需以母乳或配方奶为主，辅食为辅。一般来说，这个月龄的宝宝的奶量为600～800毫升/天，最多不能超过1000毫升/天，一天最多添加1～2次辅食。

◆ 每个宝宝的吸收能力不一样，所以辅食添加的量也不一样。父母可以根据包装上给的指导标准给宝宝增量或减量，但一定要遵循从一种到多种、从少到多、从稀到稠、从细到粗、循序渐进、逐步添加的原则。

添加蛋黄的方法：将煮熟的蛋黄碾碎，用开水调匀（和奶液的稠度一样），第一次喂后的一天内，观察宝宝有没有过敏反应、大便是否正常。如果一切正常就可以继续下去，隔天1次，一周3～4次。第二周可用米汤加蛋黄（前提是喝米汤不过敏），但要注意不要过稠（太稠了宝宝的胃肠不易吸收也不易吞咽），可以滴几滴新鲜橙汁搅拌后喂给宝宝，加入含维C较高的橙汁可使铁的吸收率提高4倍。宝宝加服蛋黄后如大便无异常，可以从一周加一小点到一天加一个蛋黄。

蛋黄不宜和其他各类辅食及奶类同时吃，以免谷类的植酸和奶中有机物干扰铁的吸收。

3.选择米粉

宝宝第一口辅食的选择原则是：高铁、无糖、成分单一，最好仅有一种谷物，以便于消化又减少过敏，所以米粉是比较好的选择。"高铁"并不是铁含量越高越好，应符合我国对婴幼儿食品的相关标准要求，铁含量达到每100千焦0.25～0.5毫克即可。

家里做的米汤和米粉都满足不了宝宝的铁需求，建议妈妈们买合适的米粉。尽量避开含白砂糖的米粉，但低聚果糖FOS和白砂糖不是同一种物质，属于益生元，能调节肠道功能，可以选用。

4.使用吸管杯

宝宝长期含着奶嘴入睡会引起蛀牙，一般从五六个月开始就可以用吸管杯训练宝宝自己喝水，大多数宝宝在6～9个月就能用吸管杯自己喝水了。

吸管杯有助于宝宝断奶，增强宝宝的肢体协调能力，促进其健康成长。

5.观察大便

宝宝添加辅食后，大便就不再像以前那么单一、有规律了。大便除了不好清理外，还有了各种各样的味道，家长要养成"观察便便识健康"的习惯。

观察要领：宝宝吃了什么，便便就会呈现什么，如吃了胡萝卜就会有发红的便便，这不是消化不良，而是宝宝变换食物中的正常表现；如果宝宝吃的食物经肠胃消化后还呈完整食物颗粒，说明这种食物还不能被宝宝完全消化，家长则需要调整饮食的量和内容。

6.帮助宝宝分清昼夜

不少宝宝有黑白颠倒的现象，家长应尽快纠正。

白天多陪宝宝游戏，有规律地唤醒其进食、玩耍，接受阳光照射；在下午或傍晚让孩子保持更长时间的清醒；夜里要尽快让孩子入睡，睡前不要逗引、谈话或与孩子玩耍；夜间给孩子喂奶或换尿布时尽量不要开灯，动作尽可能轻柔，以免惊醒孩子。

在上床睡觉前增加孩子的喂奶量，以免他因为饥饿而过早醒来。

7.萌牙护理

大多数宝宝在5～6个月大时开始长牙。

萌牙期的宝宝不但会流口水，还会因疼痛伴有烦躁、爱哭闹的情绪反应。妈妈可以用按摩、磨牙棒等方法减轻宝宝的疼痛和不适。

乳牙萌出后就应该进行全面且细心的护理。给宝宝准备磨牙棒等稍有硬度的东西让宝宝磨牙；每次宝宝吃完奶或辅食之后，要给宝宝喂一些温开水清洁口腔；妈妈将手洗干净，包上干纱布，轻柔地擦拭牙龈上的食物残渣，再轻轻按摩宝宝红肿的牙龈，这样能让宝宝觉得舒服一些。

在出牙期间，宝宝什么东西都会塞到嘴里"品尝"一下，通过吮吸、咀嚼、吞咽等动作获得安全感。"口欲期"是每个宝宝必经的一个阶段，这时家长要给宝宝布置一个适合探索的环境，把环境中不安全的物品收放好，将经常放在口中的玩具清洗好，保持卫生；宝宝的小手要勤清洗、勤剪指甲，以免宝宝啃咬小手引起牙龈发炎。

温馨提示

刚萌出的乳牙由于牙根还没有发育完全，很容易发生龋病（俗称虫牙）。因此，在牙齿开始萌出后一定要注意口腔卫生，每次喂养后要进行口腔清洁，预防龋病和其他牙病。有的妈妈认为乳牙最终会被恒牙替代，所以乳牙有龋齿也没关系。这是极其错误的观念！乳牙是会影响恒牙的发育和正常萌出的。

8.保持清洁

给宝宝养成每日清晨洗脸的习惯。

洗脸时，一只手温柔地抱着宝宝聊天，另一只手为宝宝仔细清理。在清洗眼睛时，眼睛若有过多的分泌物，可用药棉球蘸水从内眼角向外轻轻擦拭；清理耳朵时，观察耳朵里外是否有污垢，并及时清除；清洁鼻子时，观察鼻孔里有无分泌物，可用棉签蘸水湿润后清理；洗小手时，检查宝宝指甲是否有过长、磨损、不整齐的现象，并及时修剪。

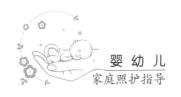

9.宝宝的出行安全

接近6个月的宝宝开始喜欢去户外玩耍，带宝宝外出时，应注意出行安全。

每次出行时最好两个成人陪同，选择1小时内就能往返的地方，查询室外的温度，准备好婴儿用品包，奶瓶、水杯、纸巾、湿巾、衣服、盖被等均需备好。

在天气暖和的时候，许多照料者都会用婴儿车推着宝宝到室外活动，每次出门前必须进行严格的"车体检查"，以免因车子的任何部件，特别是车轴、刹车闸等部位出现故障而发生意外。如果驾车出行，必须使用专用的婴儿安全座椅。

10.合适的衣服

宝宝的衣服要舒适、宽大、柔软、透气性好、安全、易穿脱。

5～6月龄的婴儿感觉更灵敏了，如果穿着不舒适就会哭闹。衣服过紧会影响宝宝的生长发育，衣服粗硬会伤及婴儿稚嫩的皮肤。

> 这个月龄的婴儿能捏起比较小的东西了，而且一旦拿到手里就会立刻放到嘴里。如果衣服上小纽扣、小饰物被宝宝拽下来放到嘴里，是很危险的——吞咽不当就会因为气管异物危及生命。所以给宝宝的衣服不要有小纽扣、小饰物等赘物，时刻以安全为第一。

动作发展建议

1.扶髋坐

在不扶持的情况下，宝宝可以独坐30秒～1分钟。当失去平衡时，宝宝会双手前伸调整姿势。家长可辅助宝宝练习，如家长坐在宝宝身后，双手扶住其腰下的髋部，用双手虎口处固定宝宝胯部。练习时，尽量让宝宝腰背挺直，锻炼腰背和肌肉力量。

▶ 亲子游戏：拉大锯，扯大锯

方法：让宝宝保持仰卧的姿势，家长握住宝宝双手，轻轻摇动宝宝双臂，当说到"快快起来唱两句"时将宝宝拉起，让宝宝练习稳定地坐，然后再轻轻将宝宝放下。多次练习，锻炼宝宝腰背部肌肉及坐的能力。

 儿歌

拉大锯、扯大锯，大家一起来唱戏；你一句、我一句，快快起来唱两句。

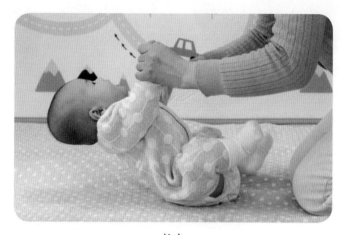

拉坐

2.原地打转

宝宝开始练习蠕动爬行了。当宝宝俯卧时，在宝宝一侧放玩具让宝宝够取，宝宝够不到时，会撑起另一侧身体，双腿用力蹬，转动身体；待宝宝即将够取到时，家长可适度移动玩具的位置，让宝宝再次够取，进行2～3次练习可结束，将玩具奖励给宝宝。此练习可锻炼宝宝身体协调性，为之后的匍匐爬行作准备。

3.撕不烂的书

宝宝手腕出现旋转的动作了，会在空中摇动手绢和响铃。给宝宝准备布、木、塑料等各种材质的撕不烂的书，让宝宝抓、捏、翻转、开合、传手，提高手腕灵活性。

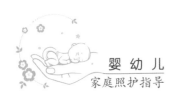

宝宝抓、翻图书

4.一手拿一个

宝宝双手配合做事情，并具有初步解决问题的能力。如宝宝手里有一个玩具，再给一个时，会伸出另外一只手去拿。在此基础上，引导宝宝学习倒手。

传递积木

语言能力发展建议

1.宝宝手语

家长用通过手语游戏与宝宝交流，给不同动作赋予不同的意义，如跟宝宝碰碰头说："顶个牛。"开始宝宝并不理解，家长先把头伸过去碰宝宝的头，多次练习，宝宝明白并尝试模仿家长的动作。宝宝学会一个动作后，就很容易学会更多，如招手、恭喜、点头、摇头等。

2.大声叫喊

宝宝能用语音或者非哭声吸引家长的关注，发出无意义的辅音越来越多。除了"爸爸""妈妈"，还会发出"啊咕""不不""呜呜""哥哥""弟弟"等声音。当宝宝发出大声、更清晰的声音时，家长主动和宝宝一应一答，提高宝宝说话的积极性。家长要同时做好记录，6个月时大多数宝宝能发出4~5个辅音。

3.亲子阅读

此时的宝宝会模仿父母的样子尝试学习翻书，但书在手里就变成了抓书、撕书、咬书，这种亲密接触其实是宝宝试图操控书的一种表现。给宝宝准备撕不烂的布书、木书、塑料书，让宝宝像玩具一样在手里握持把玩，间隙中不放弃给宝宝阅读，可边玩游戏边读书，让宝宝感受读书是一件很享受的乐事。

《米菲认识洞洞书》

《小不点的触摸书》

《棕色的熊，棕色的熊，你在看什么》

情绪情感发展建议

捉迷藏

宝宝开始乐于和成人主动玩游戏了，如捉迷藏游戏就有很多玩法，可结合识别表情一起进行。当家长用布遮盖脸，然后迅速取下时，宝宝先会耐心等待，继而惊喜地大笑，由此宝宝也会模仿蒙脸逗家长开心地笑。家长可经常跟宝宝进行这样的互动游戏，在取下手绢时，可做出惊讶、瞪眼、大笑、悲伤等表情逗宝宝

开心，培养宝宝良好的情绪，增进
亲子感情。

▶ 亲子游戏：你蒙我拉

家长坐在宝宝对面，用手绢蒙住
脸，轻声呼唤宝宝的名字，示意宝宝
拉下手绢；当家长露出脸时，宝宝便
会开心地大笑。

亲子游戏：你蒙我拉

认知发展建议

1.认生

宝宝能分清熟人和生人了，现阶段的宝宝对生人易表现出敏感、躲避或哭闹。认生是这个年龄段宝宝的显著特点，也是宝宝认知能力强的表现。家长要理解宝宝的成长，不应强迫宝宝与生人接触，避免造成其情绪不安。在日常生活中保持平和好心态，多给宝宝介绍周边的人和事，逐渐让宝宝适应周围环境。

2.照镜子

照镜子是真正意义上的认识自己。一直处在混沌状态的宝宝并不清楚自己是谁。家长可抱宝宝到镜子前做"滑稽的表情包"引起宝宝兴趣，然后让宝宝认识自己，再认识镜子中的妈妈。

镜中的自己

七、6～9个月婴幼儿教养建议

9月龄宝宝主要发展指标

★ 男孩平均身高72.6厘米，平均体重9.33千克；女孩平均身高71.0厘米，平均体重8.69千克。

★ 男孩平均头围45.3厘米，女孩平均头围44.1厘米。

★ 开始长出门牙，出牙3～5颗，喜欢用牙咬东西。

★ 大多数宝宝具备的能力：能扶着东西站；可以含混不清地说话，或发出某些音节；喜欢探索周围环境，喜欢模仿动作。

★ 50%的宝宝能做到：扶着家具走几步；用学饮杯喝东西；用手抓东西吃；把东西相互碰撞。

★ 少数宝宝能做到：可以玩拍手和藏猫猫的游戏；正确地叫出"爸爸""妈妈"。

保育照护建议

1.营养饮食

7个月后，仍需保持每天3次母乳喂养，非母乳喂养的宝宝保持每天喂奶600毫升。

此时，宝宝已长出门牙，应及时增加辅食种类，可添加固体食物以利于牙齿及牙槽的发育。

家长要在早、中、晚餐中制定适合宝宝月龄的食谱，可包含粥、软面条、全蛋、肝泥、碎肉末、豆腐、煮红薯、煮芋头、鱼肉、虾肉、切碎的豆腐干、饼干、烤馒头片等，保证谷类、肉类、豆类、绿菜类、水果等供给，合理搭配营养膳食，以免引起宝宝消化不良或造成日后偏食、挑食等不良习惯。

> **温馨提示**
>
> 宝宝专心进餐的习惯养成：进餐时间控制在20～30分钟。在安静祥和的气氛中，家长和宝宝保持良好的互动，让宝宝学会咀嚼食物的要领。宝宝如食欲不佳要分析原因：如果是环境嘈杂，应及时更换进餐场所；如果是宝宝贪玩不吃饭，应先将食物拿走，待饿了再吃；如果是口腔溃疡或者生病影响了食欲，家长可以给宝宝吃些软食，帮助宝宝度过这一时期。

2.学习使用口杯喝水

宝宝在8～9个月时，大脑能很好控制手、口、眼的协调，做出双手捧杯喝水的动作。

此时，家长可以给宝宝准备不易打碎的双柄或单柄婴儿口杯，让宝宝模仿成人的样子握杯喝水。练习时，从给宝宝准备一小口水量开始，家长扶住杯底，控制好水流量，让宝宝练习抬头咽水的动作。如果宝宝总是呛水，可继续用一段时间的吸管杯。

3.准备便盆（坐便器）

给宝宝准备便盆，并放在固定的位置上。即使在用尿不湿，家长也要观察和掌握宝宝的排便规律。当发现宝宝有便意时，引导宝宝去便盆大小便。宝宝大便后，为宝宝从前向后擦洗肛门，帮助宝宝洗手。便盆及时清洁、消毒。

熟练如厕对宝宝之后的独立性将产生积极的影响。

4.睡眠时间

日常保持足够的玩耍时间，包括适当的户外活动，保持情绪稳定，保障充足及有质量的睡眠。

时间分配为：白天睡眠2～3次，每次2～2.5小时，晚间睡眠10小时，每天保证睡14～15小时。如果宝宝睡眠不好，家长应观察并寻找原因。

5.睡觉出汗的处理

如果宝宝出现入睡不久后全身出汗，一小时后恢复正常的现象，这是由宝宝从兴奋状态逐渐进入抑制状态过程中植物神经兴奋所致，是正常的生理现象。

家长在护理时应注意：室温保持在26℃左右。在宝宝入睡后半小时监护宝宝睡眠情况，并及时将宝宝额头和脖子上的汗水擦干，更换枕巾，如衣服浸湿应轻轻地更换衣物。可以给宝宝穿盖少一些，避免宝宝在出汗的时候踢被子着凉。

6.口腔护理

每次哺乳、喂食之后一定记得给宝宝喝水，去除宝宝口腔中的残留食物，早晚用湿纱布或指套牙刷清理口腔，特别注意对宝宝牙齿的内侧面和外侧面进行仔细的清洁。

7.疾病易感期

6个月之后，宝宝从母体中获得的免疫能力渐渐消失，自身的免疫机制还没有建立

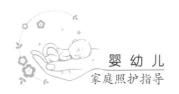
起来，因而抵抗能力很弱，容易感染各种疾病，尤以消化道和呼吸道疾病居多。宝宝生病后，家人应注意做好宝宝与感染源的隔离工作，减少到公共场所去的次数，保证周边环境卫生，安全度过易感期。

8.宝宝衣物更换

从宝宝学习爬行开始，会一刻不停地探索家里每个角落。宝宝运动量大，出汗较多，更换衣服频率较高，应保证每天更换一次内衣。

宝宝的服装建议背带式的连裆裤；鞋子的大小以穿好后成人能够伸入一根手指为标准，粘扣式样比较方便、安全。

9.环境安全

家长应给宝宝提供安全和能自由探索的环境，并在家长的监护下玩耍，防止事故发生。

将宝宝身边有棱角的、坚硬的物品收拾起来，取走容易扯掉的桌布、打火机、香烟、药瓶、热水壶、电熨斗、硬币等危险物，并放置在宝宝够不着的地方；楼梯处安装防止跌落的护栏。

给爬行中的宝宝准备宽大的爬行垫，沙发周围铺上软垫供宝宝爬上爬下运动身体，提供随时可以取放玩具的矮柜子。

动作发展建议

1.被动操

第一节，准备动作：放松全身，握住宝宝双手于身体两侧。

第二节，坐起运动：宝宝仰卧，拉直双上肢，与地面垂直，用力拉宝宝起坐，再放宝宝躺下。

坐起运动

第三节，握腕跪起直立：宝宝俯卧，在背后两手握住宝宝腕部，扶宝宝跪直，然后扶站，再跪直，还原。

握腕跪起直立

第四节，俯卧握腿抬头：宝宝俯卧，两肘支撑身体，家长双手握住宝宝两条小腿，轻柔提起宝宝双腿，让宝宝双手用力支起头部。

第五节，弯腰捡玩具：家长在宝宝身后一只手扶住宝宝两膝，另一只手扶住宝宝腋下，在宝宝正前方放置一个宝宝喜欢的玩具，让宝宝弯腰前倾，捡起玩具后立直还原。

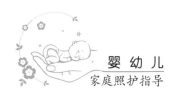

| 俯卧握腿抬头 | 弯腰运动 |

2.独立坐稳

这个阶段宝宝神经系统发育已从颈部发展到腰椎，能由躺姿翻转成坐姿。家长给宝宝提供玩具，吸引宝宝伸手够取，并使用双手把玩，锻炼宝宝由挺直坐稳30秒发展到独坐10分钟。

3.匍匐爬行

宝宝能灵活转动身体，并向四周移位。当宝宝向后移位时，家长双手抵住宝宝脚掌示意用力蹬，宝宝向前蹿行。多次练习后，宝宝掌握手脚配合向前爬行。

4.手膝爬行

宝宝能由躺位翻转身体坐起，并抓着物品站立。由此，脊椎、手臂及腿部的协调和力量进一步提高。宝宝爬行水平提高，能腹部离地、手掌膝盖四点着地四处爬行。为了提高宝宝兴趣，家长可准备各类球，让宝宝在追逐游戏中提高身体运动统合能力。

5.大把抓握

手的使用频率越来越高，此时宝宝进入单手大把抓握发展的关键期。

给宝宝提供生活用品，如碗、勺子、帽子、皮球、玩具小汽车、抽纸巾、沙包等，让宝宝练习大把抓握。还可以将小饼干等放在盘中让宝宝自己取拿进食，训练宝宝手指灵活性及抓握力量。

6.倒手

宝宝能两只手同时抓握、交换手中的物品，开始从大把抓握物品到拇指、食指对捏的精细发展，如双手握玩具对敲，打开玩具盒取玩具等。家长可准备多样的活动材料促进宝宝双手配合、手指尖的运动，从而促进大脑发育。

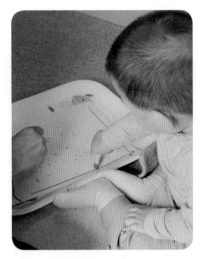

握笔点画

语言能力发展建议

1.喜欢表达

对感兴趣的事情，宝宝喜欢咿咿呀呀地发出各种声音来互动。9个月时，多数宝宝能熟练发出叠音，如"妈妈""爸爸"。对某些特定的声音感兴趣并喜欢模仿，如咳嗽声、呼噜声、小动物的叫声，家长应给宝宝唱简单的儿歌、童谣，鼓励宝宝发音哼唱。

2.亲子阅读

这个时期的宝宝喜欢随意翻阅图书，家长应允许宝宝这样的阅读方式。当宝宝翻到感兴趣的页面时，家长可饶有兴致地从这里讲起，不放弃每次的阅读，才会逐渐养成宝宝坚持阅读的习惯。

这里还要强调，记得坚持在固定时间跟宝宝一起读绘本哦！

推荐书目

《你好》
《抱抱》
《点点和多多》系列触摸翻翻书
《身体的声音真奇妙》

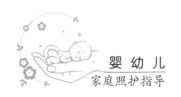
温馨提示

依据故事内容，生活中可与宝宝进行语言互动：爸爸妈妈在出门前记得跟宝宝挥手说"再见"，让宝宝学会抬起手挥一挥表示回应；跟宝宝一起做"碰碰头""点头""谢谢""招手""再见""拍手"或者咳嗽、弹舌等动作，并鼓励宝宝主动做，家长积极回应，以此促进宝宝对语言的理解。

情绪情感发展建议

1.培养信任感

这个年龄段的宝宝对家人表现出特别的依恋，当家人在身边时宝宝会很开心，会主动伸手要家人抱，用微笑注视、拉大人的衣服引起注意。

加强日常细节照护，如宝宝对外界陌生人和事比较敏感和畏惧，家长应理解并保护宝宝。当宝宝不乖时，不要吓唬、说反话或者强迫宝宝做事情。家长要用自己的实际行动让宝宝感受外界的友好和安全，塑造宝宝良好的性格。

2.结交伙伴

经常抱宝宝到外界接触不同的人、事、物，帮助宝宝克服害羞、怕生的情绪反应，同时给宝宝寻找同龄小伙伴一起玩耍、互动，提高社会适应能力。

认知发展建议

1.扩大认知范围

宝宝听分辨、听记忆、视观察和手的动作开始协调发展。

在与宝宝游戏时，观察宝宝的兴趣所在，并重复玩耍，促进记忆力发展。如，找出当面藏起来的玩具，指出身体的两个部位等。在此基础上扩大认物范围，如院里的小动物、新玩具、美味食物等。

2.照镜子

宝宝通过拍打镜中的自己和他人来表现好奇和喜欢。家长可把镜子挂在宝宝床头、玩耍区域等，让宝宝在自我探索和玩耍中了解镜子中的自己，发现玩镜子的乐趣。

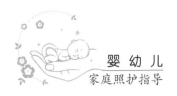
八、9~12个月婴幼儿教养建议

12月龄宝宝主要发展指标

★ 男孩平均身高76.5厘米，体重10.05千克；女孩平均身高75.0厘米，体重9.40千克。

★ 男孩平均头围46.4厘米，女孩平均头围45.1厘米。

★ 宝宝的辅食开始变成主食，要保证宝宝摄入足够的动物蛋白，辅食要少放盐、糖。

★ 要帮助宝宝克服怕生的现象，训练宝宝的独立性，让宝宝逐渐适应接触周围环境。

★ 大多数宝宝具备的能力：能够正确叫出"爸爸""妈妈"，可以玩拍手和藏猫猫的游戏；能够不扶东西自己站几秒钟，能够模仿其他人的动作，能用手势表示自己想要什么。

★ 50%的宝宝能做到：明白"不"和一些简单的指令；把物品放到容器中；能走几步；除了"妈妈""爸爸"外，能说出个别单音节。

★ 少数宝宝能做到：站着时能弯腰，独立行走了；用彩笔涂鸦；有意识地叫爸爸、妈妈，甚至会叫爷爷、奶奶、姥姥、姥爷、叔叔、姑姑。

保育照护建议

1.科学喂养

宝宝断奶后，其营养摄取由奶转换成辅助食物，原来的辅食变成了主食，家长要精心准备宝宝的每一顿餐点。

在食物选择上应注意卫生、新鲜、多样，既要有肉、蛋、鱼、碳水化合物等，还要有蔬菜和水果，既要让宝宝有食欲，又要选择易于消化吸收的烹调方法。

在喂养上应注意改变食物的形态，以适应宝宝的发育需要。如，稀粥可由稠粥、软饭代替；烂面条可过渡到挂面、面包和馒头；肉末不必太细，碎肉、碎菜较适合。除了每天固定时间的早、中、晚三餐外，两餐之间（上午10：00左右和下午3：00左右）可添加一次点心水果。

每日配方奶量应保持在500～600毫升。

断奶期间，因个体差异导致适应期的长短不同，一餐吃得多，一餐吃得少，这些都是正常现象，父母不要过分担忧。

2.预防挑食

挑食的宝宝对食物有明显的偏好，只吃喜欢的食物，这样很容易造成营养不良，影响身体发育。

从开始添加辅食起就要不断观察宝宝的进食情况，调整烹饪方式，让宝宝吃到营养美味的食物。对于宝宝暂时不接受的食物，家长也不要强迫宝宝吃，待其饥饿或心情好时，优先考虑给予他不爱吃的食物进行尝试，以便取得较好的效果。

3.熟练捧杯喝水

继续支持宝宝捧杯喝水。

宝宝从洒漏到不洒漏需要一个过程，家长应协助宝宝逐渐学会控制手口协调一致，放手让宝宝独自练习。

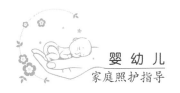
4.掌握排便节奏

只要宝宝健康，就会有规律的排便节奏，家长用心观察就能从宝宝的表情、行为发现宝宝是否在排便。一般来说，宝宝一日排便2次，喝水或者吃饭半小时后会小便。当感受到宝宝要排便了或有便意时，应及时带宝宝如厕，养成使用坐便器排便的习惯。

5.和睡觉相关的事情

宝宝睡觉前应坚持清理口腔和牙齿，切忌抱着奶瓶或者含着奶嘴睡觉，这会影响牙齿发育，容易形成龋齿。

宝宝的身体正在快速生长发育，骨骼中有机质含量多，而无机质含量相对较少，因此非常有弹性，不容易发生骨折。但如果经常让宝贝睡在比较松软的弹簧床上，就会影响宝宝脊柱正常生理弯曲的形成，严重的会导致胸曲、腰曲的曲度变小，久而久之会形成驼背、漏斗胸，更重要的是，还会影响腹腔里的脏器发育。所以，选择软硬适度的床垫非常重要。

6.注意宝宝腿型

此时大多数宝宝能扶物站立并开始迈腿走路了，可是家长发现宝宝双腿却不像成人一样直——腿型呈X型（宝宝夹着大腿走）、O型（宝宝走路像骑马）。如果宝宝发育正常就不用担心，随着发育成长慢慢会调整过来。如果一直这样，而且在体检中发现缺钙和维生素，就需要去医院寻求帮助。

7.安全隐患

宝宝的活动能力越来越强，活动的范围也越来越大，家长稍微放松警惕就可能发生安全事件。此时，家长要列出清单，检查房间设施，防患于未然。

浴室：给宝宝放洗澡水时，应先放凉水再加热水。宝宝在洗澡的整个过程中，家长视线不能离开宝宝，以免宝宝滑入浴盆而呛水。

客厅：整理收纳好各种电源线，并放在宝宝够不到的地方，以免发生触电或缠绕引起窒息。

餐厅：将餐布取走，以免宝宝抽拉桌布导致桌布上的东西砸伤宝宝；每次饭前将宝宝放在餐椅上之后再去端汤和菜，以免引起烫伤。

厨房：厨房里不仅有火源，还有很多刀具。如果厨房较小，各种物品摆放凌乱，极易有砸伤、烫伤等隐患，家长应避免宝宝入内。

动作发展建议

1.运动不停

宝宝睡得香甜，醒来后就会精力充沛地投入到快乐的玩耍中。

如果宝宝身边有茶几、沙发或者矮柜、栏杆，就可以稳稳地扶住并站起来，然后由站立到坐下，由坐着到俯卧后再拉物站起。

此时宝宝玩耍时有了一定的经验，知道用棍子够玩具、拉浴巾取玩具，只要自己想去的地方就会手脚并用爬过去探索。家长可在地面铺设地毯、软垫，缩小宝宝的活动空间，创设安全的活动区域，让宝宝尽情游戏。

扶站行走架

2.蹒跚学步

此阶段宝宝能站稳并独立走几步。一般情况下，宝宝10个月到1岁4个月之间都能学会走路，家长不用刻意训练宝宝学走路，让宝宝在爬、坐、站、走之间转换姿态，提高身体运动能力。

此时宝宝十分渴望去户外探索更大的空间，家长每天可安排固定的时间带宝宝去户外活动，可以在花园、操场牵着宝宝的手学习迈步，也可以让宝宝扶着推车辅助行走。

3."放进去，拿出来"

家长可用废旧纸箱给宝宝改造一个"百宝箱"，并当着宝宝的面把玩具放进去，一边放一边说"放进去"，然后再一件件地拿出来，确认宝宝看懂了就鼓励宝宝模仿练习。

在此基础上，家长可在一大堆玩具中指定一个（如小猫玩具）让宝宝挑出来。宝宝在翻找、碰撞中提高了手臂肌肉的力量和手指统合，提高了认物能力，促进了宝宝"手—眼—脑"的协调配合。

"百宝箱"的物品可随着宝宝兴趣不断更换，可从宝宝的玩具替换成家庭常用物品，如塑料杯、空化妆盒、香皂盒、旧锅铲等。

4.干杯游戏

准备两个有柄杯子，宝宝和妈妈各握一个杯子，妈妈主动邀请宝宝"干杯"，然后再启发宝宝独自碰击玩耍，提高宝宝单手握物的能力。

单手握杯

5.套杯子

这个阶段，宝宝手部动作发展越来越精细，会打开、合上硬皮书；会套圈；会用蜡笔在纸上戳出点；会搭积木1～2块。此时，家长可提供多种玩具和材料让宝宝练习，提高宝宝手部的精细动作。

家庭游戏时，尽量利用家庭中已有的物品改造成宝宝的玩具，如套杯游戏，可以准备2～3个纸杯，家长将

套彩虹圈

杯子一个一个地套上，再让宝宝取下来，重复多次后宝宝就懂得了玩法，并乐此不疲地练习。

套杯活动可以促进宝宝的空间知觉的发展。

语言能力发展建议

1.学习叫人

这个阶段的宝宝除了会叫"妈妈""爸爸"，还能叫出自己的名字；经常会大声嘟囔；理解个别词语，如对宝宝说"给我"，宝宝就会把手中的玩具递给你。

生活中要观察宝宝叫妈妈的时候是否特指自己的妈妈，爸爸同理。

2.听指令做事情

这个阶段宝宝进入语言与动作条件反射形成的快速时期。

宝宝开始听懂成人的话，并按成人的指令做动作。家长可以经常跟宝宝玩"听指令做事情"的游戏，如要求把物品递给妈妈、把物品放到指定的地方等。

随着语言理解能力的发展，宝宝的记忆能力逐渐增强。

3.亲子阅读

家长盘点给宝宝的书，会发现宝宝喜欢重复阅读熟悉的书，对于常读的书，宝宝会主动帮妈妈翻书。这个时候，可以选择有趣的洞洞书、触摸书，促使宝宝跟图书积极互动，不断激发宝宝的阅读兴趣。

《小鸡球球有礼貌》

《蹦！》

《咘—咘—咘—》

《晚安大猩猩》

情绪情感发展建议

1.找小伙伴玩耍

虽然宝宝见到生人还会表现出害怕和紧张，但对于同龄小伙伴则会表现出喜欢。

家长应尽量创造机会让宝宝接触小伙伴。见面时，家长可以拍手表示"欢迎"，让宝宝感受到友好；游戏时，可准备宝宝喜欢的1~2个玩具参与到活动中，让宝宝之间互相看得见并引起模仿。

经过多次接触，宝宝之间会产生表情、动作及表达意愿的默契及呼应，也能够感受到和小伙伴玩耍的快乐。

2.懂得表扬与批评

此时的宝宝已经能区分成人的表扬与批评，懂得"不行"的含义，用点头、摇头表示同意或者不同意。

家长应尊重和回应宝宝的需求，引导其愿意顺应他人，产生良好互动的愿望。比如，家长拖地时宝宝也想模仿，家长不妨给宝宝制作一个小拖把，宝宝做得好就竖起大拇指夸奖。这样，宝宝逐渐会分辨哪些行为是好的，并愿意做得更好赢得夸赞。

认知发展建议

1.识图、识物、识字

10~12个月的宝宝记忆力、观察力都有所提高，能听声指物，喜爱探索图片。

可将图片张贴在宝宝视线高度的墙上，结合宝宝的相关生活经验，引导宝宝用手碰触，感觉物体与物体、图片与实物之间的关系，一周换一次图片，让宝宝保持新鲜感。用此方式可让宝宝认识几张图画，并在大堆图片中辨识熟悉的几张图片。

2.思维能力培养

家长可利用视、听、触、味、嗅的感觉器官让宝宝充分感受事物的特性，建立初步的思维理解能力。如空罐子中里装上石子、豆子等物让宝宝摇一摇，听听响声，再让宝宝找一找响声在哪里；准备大小不同的空瓶，让宝宝用不同的盖子试一试，找出瓶子和盖子的对应关系。

识图指物

只要是没有危险的东西，都可以成为宝宝认识和探索世界的工具。

3.用食指表示"1岁"

这个时期，宝宝手指开始分化，喜欢用食指探洞、按开关。

当宝宝竖起食指时，妈妈就说"宝宝1岁了"，重复几次之后，妈妈问宝宝"你几岁了？"引导宝宝竖起食指表示自己1岁。在此基础上家长问宝宝："你要几个橘子？"宝宝如果竖起食指表示要1个，家长就给宝宝1个，以此巩固宝宝对"1"的认识。

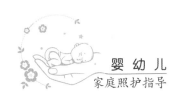

九、0~1岁婴幼儿家长常见问题解答

1.宝宝湿疹如何护理?

问:我家宝宝4个月了,脸颊和背部湿疹一直反反复复好不了,试着抹了几种药膏都不管用,该怎么办?

答:湿疹是一种常见的炎性皮肤病,以皮疹损害处具有渗出潮湿倾向而得名。宝宝得了湿疹后会扩散很快,除了脸颊外,也可蔓延到额头、颈部、肩部,甚至躯干、四肢等处。如果父母一方曾患有过敏性疾病或得过湿疹,那么因遗传因素,宝宝得湿疹的可能性很大。无论怎样,宝宝湿疹要趁症状较轻时治疗,并遵照医嘱用药。

在治疗过程中必要的家庭护理也是很重要的。

(1)日常护理:对于宝宝皮肤湿疹,家长必须做好长期的治疗准备。首先应保持宝宝皮肤清洁干爽,如减少洗澡次数,尽量使用温水和不含碱性的沐浴液;经常更换枕套、被褥,保持床上用品的清洁干爽;贴身衣物要使用纯棉材质,新买的衣服必须先做清洗、晾晒和消毒后再穿;给宝宝勤修指甲,减少抓挠引起的感染。

(2)外出护理:父母要经常留意宝宝所处环境的温度、湿度变化;去户外时应给宝宝戴上帽子,避免皮肤暴露在冷风或强烈日晒下,从而减少紫外线等对宝宝皮肤的刺激。

(3)饮食护理:治疗宝宝湿疹的关键在于明确过敏源。牛奶中含有大量异体蛋白，极易引起过敏，当宝宝出现湿疹症状时，可停止并改用其他配方奶粉，家长要注意观察症状是否减轻。鸡蛋、鱼、虾、蟹、巧克力、果糖都可能会引起过敏，宝宝消化不良以及先天性过敏体质也是可能诱发湿疹的因素。这些都是需要家长悉心观察的项目，一旦确定过敏源，应及时调整宝宝喂养方式。

2.练习走路时怎样预防意外伤害？

问：宝宝开始学走路了，经常容易磕着碰着，怎么预防1岁左右宝宝学走路时的意外伤害？

答：宝宝3个月就能通过翻滚移动身体到床边，6个月的宝宝可以坐起来伸手拽掉饭桌上的台布，8个月后可以爬上沙发、扶着茶几挪步到有插孔的地方玩。如果房间门全部开着，宝宝会到厨房、厕所等每个房间去寻找新奇的东西玩耍，如果此时家长正忙着其他事情，这些将成为造成宝宝意外伤害的重大安全隐患。

"意外"是容易忽略的部分，应加强防范，杜绝意外伤害。

（1）开放的客厅环境：宝宝1岁前活动量较小，活动空间相对有可控性，可带宝宝到客厅活动，家长可站在厨房观察客厅全貌，选择180°都可以看到、安全、通风、采光好的一处为宝宝设置围栏、地垫、矮柜，成为宝宝的专属活动区域。

（2）宝宝必须有人看护：半岁前要防止妈妈喂奶时乳房压迫造成窒息，要防止热水袋、暖气片烫伤；半岁后身体挪动频繁，8个月后学会爬行，此时要将房间里危险的物品收拾起来，如热水瓶、电熨斗、药片等，预防宝宝从床上、沙发上坠落跌伤，吞食异物等。

（3）意外伤害：当宝宝出现意外事故时不要惊慌，做好去医院前的紧急处理，记住最近医院的联系方式和最近路线规划图。如发生烫伤时，先用冷水冲洗20分钟再观察是否需要送医院治疗；如果宝宝从高处跌落，先不要揉搓，要观察摔伤处，视情况或简单固定后送医院治疗。

3.宝宝不喜欢喝水怎么办？

问：宝宝6个月了，一直坚持母乳喂养，添加辅食后发现宝宝不喜欢喝水怎么办？

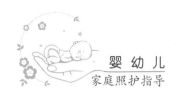

答：宝宝满4个月后开始添加辅食，这时，妈妈要培养宝宝适量饮水的习惯。在饭后半小时饮用新鲜卫生、温度适宜的温白开水。水温的调整应遵循天冷温白开水、天热凉白开水，但不能喝冰水的原则。如果宝宝不喜欢喝水，家长应采取游戏的方式鼓励其养成爱喝水的习惯。

（1）奶瓶喂水：一般6个月前后宝宝乳牙萌出，此时牙龈肿胀，宝宝喜欢啃咬东西缓解不适感。此时可以用奶瓶、鸭嘴杯、吸管杯给宝宝盛水，让宝宝在咀嚼摩擦牙龈时将水喝下。

（2）杯子喝水：宝宝将近1岁时，家长可多为宝宝准备几款杯子，以游戏的方式让宝宝喝水，如宝宝和妈妈一起干杯喝水，或者让宝宝喝一口倒一口，装作"吝啬"的样子引起宝宝喝水的兴趣。

（3）促进补水：养成每天早晨给宝宝晨检的习惯。一看，若宝宝舌苔厚、眼屎多、尿色黄，则与缺水有关；二闻，闻宝宝的大小便是否有异味，若大便干燥、气味过臭，则与缺水有关；三抓住时机，宝宝适当运动后会口渴，自然愿意喝水。

（4）不宜饮水过度：宝宝的身体还处在发育期，许多器官功能还不完善，一次喝水过多反而会成为负担，可能会对肾脏、胃肠道造成影响，严重的甚至会出现"水中毒"等现象。

一般母乳喂养的孩子水量是充足的，主要观察尿量，每天有6～7次小便则不需要喝水，如尿量少，每次可喝20毫升左右，以孩子的需要为准，顺其自然。

4.口腔炎怎么护理？

问：宝宝得了口腔炎，不好好吃饭，眼看变瘦了，该怎么护理？

答：经医生诊断，宝宝患有口腔炎时，除了按时吃药治疗外，家长在家中也要给宝宝做好相应的身体护理。

（1）消毒：如果宝宝的口腔炎由病毒引起，应先开窗通风，将宝宝被褥、衣服、奶瓶等物品彻底消毒；给宝宝勤喂温白开水，使口腔保持湿润干净。

（2）饮食：宝宝得了口腔炎，胃口不佳，给宝宝喂食要清淡，如鸡蛋羹、软面条等软食，让宝宝多吃水果、蔬菜，增强身体抵抗力。

5.宝宝萌牙怎么护理?

问：前段时间我家宝宝开始长牙了，听说乳牙的保健也很重要，那么怎样护理宝宝的牙齿呢?

答：每个宝宝出牙早晚各有不同，一般都会在出生后的4～8个月顺利地长出人生的第一颗乳牙。宝宝在出牙前后会出现一些情绪上的变化，如情绪烦躁、抠嘴巴、吐泡泡、咬东西，还有的宝宝因萌牙夜晚哭闹严重。因此在宝宝出牙阶段，家长要注意护理。

（1）保持口腔清洁：如喂奶后让宝宝吮吸少许温开水，或者戴上指套沾上温开水清洁牙龈及上颚。宝宝由于牙龈肿胀不舒服时，也可轻柔按摩。

（2）加强身体护理：宝宝出牙阶段与其从母体获得的免疫力消失处在同一时间段，此时宝宝身体抵抗力降低，容易发生幼儿急疹、感冒等发热疾病，家长要注意观察宝宝的身体变化，及时预防。

（3）观察出牙顺序：每个宝宝出牙顺序都有所不同，有的先出下面两颗门牙，有的先出两侧的侧切牙，有的则先出上面的门牙。家长可为宝宝记录和绘制宝宝出牙顺序表，为6岁左右更换恒牙提供依据。

（4）识别宝宝龈垫上的"马牙子"与双颊的颊脂垫：切忌擦拭、挑割，以防糜烂、感染，甚至引发败血症。

6.如何给抗拒吃药的宝宝喂药?

问：我家宝宝7个多月，感冒了特别抗拒喝药，哭闹得很厉害，有时还会把药吐出来，如何给宝宝喂药呢?

答：给宝宝喂药时，如果哭闹严重，可等待情绪平稳了再试，切忌在宝宝情绪激动时强迫其喝药。下面是三种方式的喂药护理：

（1）口服液：准备1个小勺、半杯温水；先轻摇口服液药瓶使之均匀；将药水倒入小勺中，从宝宝的嘴边顺着舌头边往嘴里倒；等宝宝快要咽下去时再将勺子抽出来。宝宝哭闹不肯张嘴吃时，可以一只手扶住宝宝脸部，轻轻按住脸颊，让其张嘴，

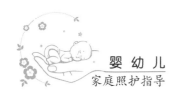
用小勺将药送至舌根；如果宝宝咬住勺子不松口，家长不可用力拔，轻轻捏住宝宝脸颊，再将勺子抽出来。

（2）片状药：准备糖水，首先用小勺将药片碾碎成粉末状，用糖水稀释粉状药，全部融化之后再服用，以避免未融化的粉尘吸入宝宝肺部，导致宝宝咳嗽和呕吐。

（3）栓剂：当宝宝发烧、便秘时，医生会让宝宝肛门用药；在给宝宝换尿布时，抬起宝宝双腿，然后将栓剂头塞进宝宝肛门内，直到看不见栓体为止。完成此动作后，用卫生纸或毛巾按压肛门，防止栓剂滑出。

7.如何帮宝宝选择合适的玩具并进行消毒？

问：我家宝宝6个月了，经常啃咬玩具，并扔得乱七八糟。怎样给半岁宝宝选择合适又好玩的玩具？怎样对玩具进行消毒才能保证宝宝不被细菌感染？

答：6个月后，宝宝可以稳当地坐了，腾出的小手可以做事情了。这个时期宝宝会使用小手做拍打、摇晃、抓起等动作，拨浪鼓、纸盒、电动汽车、毛绒娃娃都是宝宝的最爱。对宝宝来说，家里一切他感兴趣的物品都可以成为玩具。因此，家长可以为宝宝提供以下类型的玩具：

（1）锻炼胆量的大型玩具：利用室内外空地，给宝宝创设一个可探险的游戏环境，如儿童秋千、缓坡滑滑梯、球池。

（2）促进宝宝感知觉发展的玩具：如电动玩具、打击乐器、风铃、布书、布偶、积木、皮球、图片挂饰等专属宝宝的玩具。

（3）生活化玩具：宝宝钟爱的往往是家中最常见、不起眼的物品，如厨房的勺子、锅盖等物品都可以是宝宝的玩具。

宝宝探索欲望强，见到喜爱的东西就会放进嘴巴里啃一啃，所以家长应选择安全、卫生、方便清洁的玩具，玩具消毒有以下几种方式：

• 煮沸消毒：将玩具完全浸泡在水中进行加热，待水煮沸时，保持2～5分钟，消毒结束后取出晾干。

• 蒸汽消毒：将洗涤洁净的玩具置入蒸汽柜中，当温度升到100℃时，消毒5～10分钟。

- 紫外线消毒：将棉被、毛绒玩具、地毯等曝晒1小时。
- 消毒柜消毒：市面上也有专门的儿童消毒柜，省时省力，还能有效去除玩具上残留的细菌。

8.宝宝睡觉不踏实怎么办？

问：宝宝晚上睡觉一直翻来翻去，哼哼唧唧睡不踏实，睡眠质量不好怎么办？

答：影响宝宝睡眠质量的因素有很多，外部原因如季节交替、室温、声音干扰、被子厚度、光线等，内部原因如白天睡得太多、睡前过于兴奋、奶水不足、口渴、过饱、饥饿、肠胀气、憋尿或者感冒患病等情况，都会影响其睡眠。

随着宝宝长大，睡眠时间也在相应地减少。在睡眠习惯养成中，应注意：

（1）按时睡、按时醒、自动入睡、睡得踏实等习惯的养成。如母乳喂养的宝宝，开始时宝宝随意吃，在掌握了宝宝进食规律后，应该给宝宝建立一个较为清晰的哺乳时间，该吃的时候一定要吃饱，这样睡眠才会踏实。

（2）掌握一些简单照护知识，如太热、太冷、饥饿、口渴、过饱时，家长应及时调整，让宝宝在舒适的环境里安心入睡。

（3）生长发育快引起缺钙：每年的春天是一年中生长发育最快的季节。因为缺钙引起睡眠不实，建议检查维生素A、维生素D和微量元素，并根据情况及时补充钙剂。

睡眠是宝宝成长发育中的一件大事，因此，爸爸妈妈要及时找出原因，对症下药才是根本。

9.冬天怎么给宝宝穿衣？

问：入冬以来，室内外温差大，如何给宝宝选择合适的衣物？

答：宝宝的身体发育不完善，新陈代谢比较旺盛，但散热能力差，因此，要根据自家宝宝的体质特点适当增减衣物。如果宝宝体质好且运动量大，就不适合穿得太厚，否则会限制他的活动，一旦出汗再去减少衣物会增加感冒发生的概率。

中国人有"春捂秋冻"的说法，"秋冻"要有度，如果早晚温差大，还是要注意添加衣物。穿衣法则是：贴身穿薄而软的衣服，外穿蓬松而保暖性强的衣物，这样宝

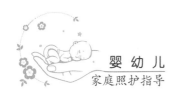

宝就会很舒服。

10.怎样判断宝宝是否吃饱了？

问：母乳喂养时，怎样判断宝宝是否吃饱了？

家长判断宝宝是否吃饱，要参考以下几个方面。

答： 一看哺乳次数。出生后1~2个月的宝宝每天需要吃奶8~10次，3个月龄时每天至少要吃8次奶。

二看排泄物。如果单纯依靠母乳喂养，婴儿24小时小便次数达6次以上是奶量充足、婴儿吃饱的一种表现，如果每天小便次数不足5次，就说明奶量不足；母乳喂养的婴儿大便是黄黄的软便，每天大便2~4次，这表明奶量充足、婴儿吃饱了；如果大便量少，并呈绿色泡沫状，这说明母亲的奶量不足、婴儿没有吃饱。

三看睡眠。宝宝如果在吃奶后能安静入睡4小时左右且不哭闹，表示已经吃饱。

四看体重。正常足月的宝宝出生时体重正常值为2500~4000克，如果奶量足够，最初3个月宝宝每周体重增加180~200克，4~6个月时每周增长150~180克，大于6个月的婴儿平均每月体重增加300~400克。

五看神情。宝宝吃饱了一般都会情绪良好，表现愉快，玩乐自如，眼睛闪亮，反应灵敏。

11.初次添加辅食该怎么做？

问：我家宝宝6个月了，听医生说可以给宝宝添加辅食，添加的原则是什么？种类有限制吗？如何平衡奶和辅食的比例？

答： 5~6个月的宝宝，由于活动量增加，对热量的需求也随之增加。这时候的宝宝能够自己竖起头来，挺舌反射已经消失了，这意味着他可以学着吃流食以外的其他食物了。

可添加的食物种类：鱼泥、菜泥、豆腐、动物血等。

暂时不能吃的食物：蜂蜜、芒果、酸奶、韭菜、火腿、成品果汁等，同时还要避免吃含各种食品添加剂、调味料、淀粉等的食物。

添加辅食的原则：

（1）由少量开始逐渐增多：当孩子愿意吃并能正常消化时，再逐渐增多；如孩子不肯吃，切不可勉强喂，可以过2～3天再喂。

（2）由稀到干、由细到粗、由软到硬、由淡到浓，循序渐进逐步增加，要使孩子有一个逐步适应的过程。

（3）当宝宝不吃辅食时，家长不要担心，辅食添加是一个循序渐进的过程，如米粉可以尝试用奶来冲，这样有宝宝熟悉的味道，接受起来会容易些。

（4）根据季节和孩子的身体状态一种一种地增加，逐渐到多种。如孩子大便变稀不正常，要暂停增加，待恢复正常后再增加。另外，在炎热的夏季和身体不好的情况下，不要添加辅食，以免孩子产生不适。

如何平衡奶量和辅食：宝宝添加辅食后，奶量应适当调整。刚开始辅食吃得少，基本不会影响到奶量。6～8个月期间，每日奶量保持800毫升左右；而9～10个月时，奶量相对下降，约在700毫升，此时宝宝能吃2顿或3顿辅食；到10～12个月，奶量可能降到600毫升左右，辅食准备3顿，每顿宝宝基本能直接吃饱，而喝奶就安排到其他餐次。不过家长还是要把握好度，在宝宝1岁以内，每日奶量最好在600毫升以上。

温馨提示

1.辅食宜在孩子吃奶前饥饿时添加，这样孩子比较容易接受。

2.婴儿餐具要固定专用，除注意认真洗刷外，还要每日消毒；喂饭时，家长不要用嘴边吹边喂，更不要先在自己的嘴里咀嚼后再吐喂给婴儿，这种做法极不卫生，很容易把疾病传染给孩子。

3.锻炼宝宝独立使用餐具，一般6个月的婴儿就可以自己拿勺往嘴里放，7个月就可以用杯子或碗喝水了。

4.家长在喂宝宝吃辅食时，要有耐心，还要想办法让孩子对食物产生兴趣。

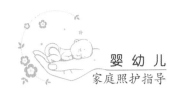

12.如何给宝宝戒夜奶?

问：宝宝5个多月了，夜奶频繁，晚上一两个小时起来喂一次，太头疼了，怎么戒掉宝宝的夜奶?

答：应对夜奶频繁并没有统一的方法。根据宝宝的个体化情况，分3步走，才有可能获得成效。

（1）怎样才算夜奶频繁？

通常来讲，6月龄前的宝宝，仍然需要通过夜奶来满足整体的营养需求，因此我们不能期待小月龄宝宝就完全不吃夜奶；6～12月龄，只要宝宝和妈妈愿意，保持1～2次夜奶也是正常的。当宝宝夜里每1～2小时，甚至每小时都要醒来吃夜奶时，才可认为是夜奶频繁。

（2）什么原因导致夜奶频繁？

宝宝夜奶频繁可能是因为饥饿，也可能仅仅是在寻求安抚。我们可以通过观察宝宝的吃奶状况来判断其是不是真的饿了。比如，母乳喂养的宝宝，一次夜奶的有效哺乳时长少于5分钟，或配方奶喂养的宝宝，夜奶奶量少于60毫升，通常提示不是真的饿了；反之，则考虑是饥饿的可能性大。而妈妈们常抱怨的"刚吃过又醒了，吃两口又睡了"，这种情况通常是安抚性质的夜奶。宝宝频繁夜奶可能与睡眠习惯有关，也可能与疾病或生长相关。习惯性通过吃奶安抚入睡的宝宝，常常呈现出夜奶频繁的现象；而疾病或生长原因导致的夜奶频繁通常会短暂持续，在疾病或生长原因解除后，自行消失。

（3）不同原因的夜奶频繁如何应对？

真正饥饿原因导致的夜奶频繁，应对的关键在喂养；对于生病或生长发育相关的夜奶频繁，我们能做的是积极配合治疗，及时响应宝宝的需求，给予更多陪伴和安抚，而不是一醒来就喂夜奶，导致宝宝慢慢形成睡眠关联。

这里提到的睡眠关联，是指宝宝把自己的睡眠与某个特定动作关联起来。比如，宝宝会把睡觉与吃奶关联在一起，要是宝宝习惯性地吃奶入睡，到了睡眠周期更替时，就会同样需要通过吃奶的方式来接觉。

应对睡眠习惯相关的频繁夜奶，关键在断离奶睡的睡眠关联，可以从三个方面尝试：

（1）合理安排整体作息时间，避免过度疲劳。比如，0～3月龄做到按需睡，白天每隔1小时左右让宝宝睡一次；到了3～6月龄则可以考虑3～4次的白天小睡；到了7～12月龄，白天2次小睡就足够；从白天3次小睡过渡到2次小睡通常是在8～9月龄期间。

（2）建立良好的睡前程序：比如，周岁内的宝宝，每次睡觉前可以预留30分钟来进行睡前程序，给宝宝安排洗澡、刷牙、穿睡袋、讲故事、放舒缓的音乐等，并且努力做到宝宝入睡前的最后一刻是在自己的小床里。这样慢慢引导，让宝宝把睡眠与这些睡前程序关联起来。

（3）避免习惯性吃奶哄睡：每次入睡前，给宝宝机会尝试自己入睡，仅在必要时给予些许安抚，比如陪伴、轻拍、哼唱等；另外，合理安排作息时间，建立理想的睡前程序，从根本上减少宝宝自主入睡的难度。对于已经形成哺乳或者喝奶哄睡习惯的宝宝，则需要一个相对较长的时间慢慢断离睡眠关联。宝宝月龄越大、睡眠关联形成时间越久，断离难度相对更大一些。

总之，宝宝夜奶频繁时，不要盲目套用所谓的招数或理论。每个宝宝的频繁夜奶都有自己的原因，先尝试排查原因，再根据不同原因个体化应对，只有这样才可能获得较高的成功率。

13.怎样保持宝宝体重适宜？

问：宝宝去医院体检，医生说宝宝超重了，怎样科学喂养使宝宝保持适宜体重？

答：儿童营养专家认为，避免宝宝发生肥胖应从婴儿开始，儿童肥胖的高峰就是在12个月之内。家长可以按照以下几条来初步判断：

6个月以前的宝贝平均每月增重700～800克，5～6个月时体重一般为出生时的2倍，6个月以后体重平均每月增长300～400克，1岁时的体重约为出生时的3倍。

常用的估算公式为：

1～6个月婴儿体重（千克）＝出生体重＋宝贝月龄×0.6

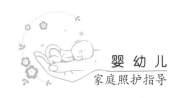
7～12个月婴儿体重（千克）＝出生体重＋3.6＋（宝贝月龄－6）×0.25

温馨提示

　　每个宝贝的生长速度都有自己的特点，体重不是衡量宝贝是否太胖的唯一标准，按月龄的生长发育曲线图，特别是身高体重发育曲线图更有说服力。自己动手计算宝贝的肥胖度：

　　第一步，根据宝贝的月龄或身高，按照生长发育曲线图找到标准体重。

　　第二步，将上值套入公式：宝贝肥胖度＝宝贝体重/标准体重×1000－100。

温馨提示

　　一旦宝贝的"肥胖度"指数大于20，特别是10月龄后，就意味着宝贝超标或肥胖，需要妈妈重视了。

　　1.不让"汤"助宝贝"虚胖"：家长习惯于用鸡汤、骨头汤、肉汤等为宝贝熬粥炖菜，殊不知这些动物汤中过量的脂肪，正是宝贝超重的"隐形帮凶"，还会减少宝贝对"白味"食物的兴趣，助长"挑食"的不良饮食习惯。其实，原汁原味的粥、面、菜、肉是最适宜宝贝的辅食，肉汤偶尔为之（一周1～2次）即可。

　　2.午餐"瘦"，晚餐"素"：肉类最好集中在午餐添加，宜选择鸡胸、猪里脊肉、鱼虾等高蛋白低脂肪的肉类；而晚餐的菜单中则最好以木耳、嫩香菇、洋葱、香菜、绿叶菜、瓜茄类菜、豆腐等为主。宝贝夜间的消化能力减弱，这些健康"瘦身"食物帮助宝贝锻炼咀嚼能力，增加饱腹感，控制热量摄入，既保护了胃肠，又预防了超重，一举两得。

　　3.避免淀粉类辅食过多：土豆、红薯、山药、芋头、藕等食物，尽管营养价值高，但含有大量淀粉，容易"助长"宝贝的体重，所以要适量食用。

　　4.控制水果只"吃"不"喝"：如果宝贝吃饭很好，就没有必要在正餐之外还吃很多水果，每天半个苹果量的水果就足矣；如果是葡萄、荔枝等高甜度的水果，则更不要太多，因为水果中的糖分是体重增加的帮凶。此外，果汁特别是市售的瓶装果汁的热量密度远高于新鲜水果，且"穿肠而过"的速度太快，喝了既长肉又不管饱，还对牙齿发育不利，因此不宜给胖宝贝过多食用。

5.管住"油"和"糖"：油和糖不要过多出现在胖宝贝的辅食中。此外，磨牙棒和小饼干固然是锻炼宝贝咀嚼能力的好工具，但也常常是含油或糖量较高的食品，不宜多给胖宝贝吃，妈妈可以用烤馒头干、面包片等做替代品。

6.适量吃粗粮：各种杂豆、燕麦、荞麦、薏米等杂粮远比精米、精面更能增加宝贝的饱腹感，加速代谢废物排泄，待宝贝的胃肠能够接受时，可以做成烂粥烂饭给胖宝贝食用。

14.颈部力量不足怎么训练？

问：3个月的宝宝俯卧抬头时有点困难，颈部力量不足该怎么训练？

答：3月龄的宝宝身体运动比之前活跃，也协调了许多，趴着的时候开始用手和脚支撑身体，让头抬起来。但是，每个宝宝的成长都有自己的发育时间表，如果其他身体指标都正常，多给予颈部力量的训练，宝宝很快就能较稳地进行俯卧位抬头。

可以采取以下措施进行训练：

（1）调整宝宝姿势：当宝宝头部能立起时，常抱宝宝到户外散步。当看到新奇的东西时，宝宝会主动地转头、抬头，眼睛观看前方，从而提高颈部力量。在此基础上，家长可以选择一天当中宝宝情绪最佳的时间，将宝宝身体摆成趴位，练习俯卧抬头4～5分钟。

（2）做体操：给宝宝洗澡、穿脱衣服时转换体位，按摩颈部，刺激宝宝做抬头动作。

（3）做小游戏：宝宝俯卧位，家长在宝宝一侧发出声响，诱发其转头寻找；还可利用可移动的连续发响电动玩具引发其转头；用风铃或者彩色图片等吸引宝宝观看，锻炼其逐渐从抬头45°到手臂支撑身体成90°。

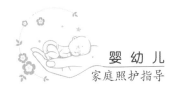

15.如何练习独坐？

问：我家宝宝马上6个月了，还不能很好地坐稳，容易东倒西歪，如何帮助6个月的宝宝练习坐稳？

答：宝宝坐位依靠背脊肌肉支撑头的重量。6个月后其身体灵活程度进一步提高，可以自由翻滚，能从俯卧位翻转成坐位，自己用手支撑身体并坚持一分钟独坐；个别宝宝在6个月能坐稳，在8个月左右能完全松开支撑坐稳。

宝宝练习坐稳需要循序渐进：

（1）练腰力：让宝宝成仰卧位或者俯卧位用手够取玩具，利用手臂伸直引发腹肌的收缩做出抬头、坐起的动作反应。

（2）练靠坐：拉坐时宝宝头部配合用力前倾，说明宝宝颈肌有力，这个时候可以让宝宝练习靠坐了。练靠坐可通过游戏，如坐在家长腿上、沙发拐角处，背靠垫子与成人互动，也可以经常坐婴儿车去户外活动。

（3）练独坐：若宝宝头部竖直时身体不向前倾，就可以让宝宝练习独坐了。初期家长可双手虎口按住宝宝髋部使其重心稳定，待坐稳后逐渐离开，给宝宝周围准备玩具玩耍，宝宝双手能自由活动时，就真正学会了独坐。

16.如何训练宝宝爬行和扶站？

问：宝宝8个月了怎么引逗都不会往前爬，却要扶站，如何训练宝宝在合适的时间爬行和扶站？

答：8个月是宝宝练习左右肢体协调爬行的关键期。这个时期，宝宝会翻身、扶物站立，看到想要的东西会尽力挪动和靠近，家长可以利用这一点让宝宝锻炼。开始爬行时宝宝会往后退，当退到墙角时，宝宝的脚蹬住墙面使身体向前蹿，多次反复会让宝宝掌握爬行的要领。因此，提供爬行的环境是让宝宝掌握爬行的第一步。从此往后的几个月中，让宝宝逐渐完成匍匐爬、手膝爬、手足爬。

（1）匍匐爬：当宝宝用腹部着地原地打转或者后退时，家长可以用手抵住宝宝的脚底，帮助其向前匍匐爬——如家长分别将玩具放置于宝宝身体两侧，逗引其伸手够取。配合手的单侧动作，家长可协助抵住相反方向的单侧腿，促其前行。反复练习，宝宝就会掌握左右肢体协调匍匐爬行。

（2）手膝爬：匍匐爬的后期，宝宝一只手支撑起身体，另一只手够取玩具时，就有腹部腾空用手膝着地爬行的动作，此时，四肢交替协调支撑体重，当前方有喜爱的玩具时，宝宝就会手膝着地快速追赶。

（3）手足爬：在爬行的后期，宝宝手膝爬行的动作娴熟，在特定情况下，宝宝抬起臀部，弯曲膝部，用手和足快速爬行。

　　宝宝1岁前的大运动呈快速发展态势，俗称一抬、三翻、六坐、八爬。在坐稳和匍匐爬行间隙，8个多月的宝宝还会扶物站立，这正好是可以增强腿部力量和增强身体平衡的锻炼。在此期间，家长应注意以下几点：

　　（1）扶腋站立—扶物站立。扶腋站立是宝宝学习站立的第一步，之后家长可引导宝宝扶住墙壁、围栏等站立，加强肩、胸、腿的肌肉力量发展。

　　（2）俯卧坐起—扶物站立。宝宝可以自由转换姿态，但是不会由扶站到坐下来，为了避免下肢长时间负重，站立时间不要超过10分钟，尽快扶宝宝坐下来或成俯卧位放松身体。

　　（3）创设游戏空间。让宝宝爬行与扶站交替进行，为后面开步走做好准备。

17.如何在家庭开展三浴锻炼？

问： 育儿专家说三浴锻炼可以提高宝宝抵抗力、增强体质，那如何在家里开展三浴锻炼？

答： 无论四季的天气如何变化，我们都要让宝宝的身体有裸露在空气中的经历。这时候宝宝皮肤感知到外界温度和自身体温之间的差异，可增强宝宝对外界环境变化的适应能力，提高抗病能力。

三浴锻炼包括空气浴、日光浴、水浴。空气浴、日光浴适合在上午9—10点、下午

3—4点进行；水浴适合睡觉前进行。

（1）空气浴：在室温不低于20℃的情况下，开始去掉尿布，逐渐减少衣服，让大部分身体皮肤裸露在空气中，家长按摩宝宝的全身。天气好时可抱宝宝在室外，让清凉的空气刺激宝宝的身体，时间由2～3分钟逐渐加长至30分钟。

（2）日光浴：只要天气晴朗就可以抱宝宝在户外晒太阳，让温和的日光刺激宝宝皮肤，达到扩张皮肤血管、杀菌、预防佝偻病的作用。日光浴可以结合空气浴一起进行。

（3）水浴：将水温控制在37～40℃，脱掉宝宝衣物，让宝宝半躺在浴盆中，水浸湿宝宝身体，家长用水冲洗宝宝的身体。

18.家长的语言模式会对宝宝的语言发展产生影响吗？

问：总是将"吃饭"说成"吃饭饭"、"睡觉"说成"睡觉觉"的叠音语言模式，对宝宝口语发展有无影响？

答：有教育专家说："一个奶话连篇的孩子一定是父母语言教育不当的结果。"很多语言思维很正常的父母，有了宝宝后就会想当然地说起叠词奶话。如吃饭饭、睡觉觉、看车车……觉得只有这样宝宝才能听得懂，才是和宝宝交流的方式。其实，给孩子输入什么，孩子也会给我们输出什么，家长应该有意识地用标准规范的语言与宝宝沟通。

（1）语法正确，发音标准。爸爸妈妈在和宝宝说话时，要正视孩子，用夸张的口形、清晰的声音、缓慢的速度、正常的语音语调，如"爸－爸－爱－小－溪"，让宝宝从开始学说话就能学到标准的发音。

（2）示范完整意义的句子。当宝宝说叠字时，家长不否定，更不能讥笑宝宝，耐心地给宝宝示范规范语言。如宝宝说"果果"，妈妈了解宝宝语意后说"宝宝要吃苹果"，将漏掉的字补充完整。之后多次以提问的方式问宝宝："宝宝要吃什么？"让宝宝说出"苹果"。

19.如何高效陪伴宝宝玩耍？

问：宝宝总是需要大人陪着他玩耍，有时候家长自己也很迷茫，不知道如何陪伴1

岁前的宝宝玩耍。怎样才算高质量的陪伴？

答：美国心理与脑科学专家经实验研究发现：家长和他们的宝宝被邀请到实验室玩耍，当宝宝玩玩具时，家长在一旁静静陪伴，当宝宝需要帮助时，家长才及时回应和指导，这样的模式效果最好，是高效陪伴的一种方式。这时宝宝的专注力最强，即使他们发现父母的目光离开，仍旧能安静地玩一会儿。因此，宝宝在自由玩耍时，最好不要干涉。

（1）尊重宝宝当下的需要。虽然宝宝是父母所生，但他是以一个独立的个体存在，就有其独立的思考，一味地介入反而会打乱宝宝本来的游戏秩序。我们需要做的是给予适时的帮助，沟通才会更加顺畅。

（2）从宝宝感兴趣的事情入手。大多数宝宝都喜欢去外面的世界看一看，家长可以抱着或把宝宝放进小推车去院子里、公园里转一转、看一看、说一说，宝宝处在良好情绪状态下有助于建立良好的亲子沟通模式。

（3）在和宝宝亲密接触中观察宝宝特点。带宝宝时间长了自然会找出宝宝的兴趣爱好，尽管如此，家长也要明白每个孩子都有个体差异，我们要识别宝宝的个性特质，采取正确的方式方法对待孩子，这才是父母应该做的。

20.带宝宝玩耍只是妈妈的事吗？

问：我家宝宝一直由我带着玩耍，爸爸因为工作原因很少陪伴，如何引导爸爸有效陪伴宝宝？

答：宝宝是父母爱情的结晶，有父母共同关爱成长的宝宝更健康。宝宝1岁前由妈妈照顾得多一些，因此更喜欢和妈妈在一起。但是，父子（女）关系是宝宝生命中第二重要的关系，具有不可替代性，因此，应多给父子（女）提供交流的时间和空间，让爸爸有机会参与到育儿中。

（1）宝宝的户外活动量越来越大，好奇心也越来越强，总想做各种动作。爸爸陪着宝宝玩活动全身的游戏，会十分有助于宝宝的成长。

（2）常玩互动游戏，爸爸可以让男孩子更加有男子气概，性格更豁达、理性；让女孩子更加自信、更早学会独立，也更具有探索精神和动手能力。

（3）爸爸在陪伴宝宝游戏时会鼓励宝宝，适当放手，可培养宝宝勇敢、大胆尝试的品质。

21.宝宝认生怎么办？

问：宝宝见到陌生人就会紧张和排斥，这是不是性格内向的表现？

答：宝宝见到陌生人表现出紧张和排斥，这并不能完全说明宝宝性格内向，有可能是开始认生了。由于宝宝和父母已经建立了依恋关系，而陌生人接近时会打破格局，宝宝不知道如何与陌生人相处，心里感觉不适和不安全，甚至是恐惧。认生是个自然的成长过程，家长不需要过于担心。

（1）不需要刻意回避有陌生人的场所。可经常带宝宝去小区院子或小花园散步，让宝宝逐渐熟悉陌生人、陌生的环境，从而消除不安情绪。

（2）认生是智力提高的表现。随着智力水平的提高，宝宝拥有了自己的判断，在大脑中形成了熟悉的人和陌生人的标准，而且能记住经常见到的人。

（3）帮助宝宝顺利度过认生期。多带宝宝在户外活动，提醒和宝宝初次见面的朋友，不要强逗宝宝，不要过于热情，在宝宝情绪失控时，妈妈要及时给予安慰。

22.如何安抚脾气急躁的宝宝？

问：宝宝性情着急，有时候喂奶动作慢一点都会大哭不止，怎样才能让宝宝养成等待的习惯？

答：人的性格会随着成长而改变，但气质却是天生的。对于温顺的宝宝即使送奶不及时，宝宝也只是轻声地哼唧几声，哄一哄就会好转；脾气急躁的宝宝的确很难照顾，只有满足才肯停止哭闹。

对于脾气急躁的宝宝，家长要注意：

（1）接纳宝宝的不完美：遇到急躁的宝宝，家长首先放松心态，不生气，从容接纳宝宝的哭闹，为宝宝营造一个舒适的环境。

（2）调整饮食规律，提早做好饭前准备：宝宝肚子饿了马上就要吃，固定时间和地点给宝宝吃奶，拖延时间会使得宝宝更加着急而情绪暴躁。

（3）学会等待：随着宝宝的成长，其性格也在成人的影响下不断进步，从宝宝一哭闹就及时满足到适当地进行"延迟满足"训练，对于宝宝的良好表现给予积极鼓励，宝宝的性格发展将会越来越好。

23.怎样带宝宝进行户外活动？

问：带宝宝在户外活动益处多多，如何有效带宝宝进行户外活动？

答：从生理上看，半岁后宝宝视觉发育较之前有了很大进步——从平面图聚焦看到立体画面，看的方式从"凝视"发展成"追视"。科学家研究发现，8个月的婴儿尽管视力还不是很好，但已经具备了很多视觉能力，比如轮廓、色彩、距离、体积以及深度知觉。从心理上看，户外活动能更好地满足宝宝的好奇心，帮助其接触更多、更有趣的事物和伙伴，不仅能增强宝宝的认知能力，还能发展社会交往能力，同时宝宝的心情也会保持轻松愉悦。

（1）从爬、挪步开始，宝宝的冒险精神全面释放，活动区域逐渐扩大，眼睛像摄像机一样捕捉着有意义的信息。宝宝喜欢看风吹动柳叶、流水、小鸟飞、小朋友追逐游戏，看东西也会更精、更准、更清晰，因此要为宝宝提供充足的外出机会。

（2）每天安排固定时间的户外活动，享受大自然，通过三浴锻炼，促进宝宝身体健康。宝宝6个月以后，家长可适当准备器械，如爬行垫、小推车、小球等，帮助宝宝开展户外游戏，提高活动兴趣。

（3）注意气候季节变化，在春秋两季，可在户外保持3小时左右的活动量。夏季、冬季也应适当外出，让宝宝感受不同季节变化。

24.如何锻炼宝宝自己吃饭？

问：宝宝加辅食后，总喜欢抢我的勺子，怎么教宝宝吃饭？

答：添加辅食后，宝宝对食物欲望增强，同时会模仿妈妈的样子给自己喂食。这个时候的宝宝会一只手紧握小勺柄的根部，将盛满食物的勺子送入口中，但是多数饭菜都在"运送的路上"洒了，喂进自己嘴巴里的寥寥无几，不少家长因此"越俎代庖"喂宝宝吃饭。其实，让宝宝自己操作拿勺吃饭，可以提高手、眼、脑三方的协调

能力，也是锻炼其自理能力的好机会。

在宝宝进餐时，我们可以做如下工作：

（1）准备围兜、两把勺子，家长给宝宝围好围兜、洗手，用一把勺子喂宝宝吃饭，另一把让宝宝拿着，允许宝宝尝试自己拿勺子吃饭。

（2）引导宝宝感受勺子的凹凸面，让宝宝尝试舀饭入口。几次失败后，宝宝会观察妈妈的行为，并在操作中积累经验，逐渐分清楚勺子的正反面。

（3）准备利于进食的饭菜。土豆泥等稠糊状食物有利于提高宝宝学习用勺子的兴致，家长不要因为清理打扫麻烦而剥夺宝宝练习自己吃饭的机会。

十、案例分析

案例1. 为了晒太阳补钙，让宝宝在阳光下午睡好不好？

我家丫丫3个月了，是个乖巧的小女孩。自从奶奶接手带，每天在丫丫睡午觉时都要把婴儿车推到阳台上，让宝宝晒着太阳睡觉，说是这样能补钙。但是我觉得中午光线强且易晒黑，也怕宝宝吹风着凉，不知道我的顾虑对不对？

【分析】

宝宝成长中需要大量的钙，而晒太阳是补钙的途径之一，所以，给3个月的宝宝晒太阳是非常有必要的，可以预防佝偻病和贫血，促进钙的吸收，对骨骼生长发育有好处。孩子奶奶有给宝宝晒太阳的意识是值得鼓励的，但你的担心也不无道理。对于足月健康的宝宝，在太阳下午睡是不可取的，给3个月宝宝晒太阳一定要讲究方式方法。

【对策】

（1）给宝宝晒太阳的时间选择要合理，一般应在上午的9—11点（此时阳光中的红外线强，紫外线偏弱，可以促进新陈代谢）、下午的4—5点（此时紫外线中的X光束成分多，可以促进肠道对钙、磷的吸收，增强体质，促进骨骼正常钙化）。而中午时段阳光中的紫外线最强，会对宝宝的皮肤造成伤害。

（2）给宝宝晒太阳的时长应该循序渐进，根据季节和气温的情况，从10分钟开始，逐渐增长到30分钟，上午、下午两次保持在1～2小时就可以了。另外，带宝宝晒太阳尽量不要去人群密集的地方，太阳暴晒自然是不安全的，更不能直射宝宝的眼睛以免伤到视网膜。

（3）给宝宝晒太阳要讲究方法——根据当时的气温情况，尽可能地暴露皮肤；让宝宝躺在床垫上，先晒背部，再晒两侧，最后晒胸部及腹部；可以戴遮阳帽等保护宝宝的头部和眼睛，避免强光对眼睛的损害。

温馨提示

宝宝晒太阳不存在什么最佳部位，除了眼睛，只要是可以裸露出来的部分都可以晒。刚开始，可以穿和平时一样多的衣物，等宝宝身体发热，就应脱下厚重衣物，以宝宝感觉舒适为宜；晒完太阳后，及时为宝宝添加衣物，因为在阳光下毛孔是打开的，回到阴冷的室内容易吸收潮气，导致感冒。

晒太阳不仅可以给宝宝补钙，有尿布疹、红屁股的宝宝，还可以通过晒太阳使症状得到很好的缓解。

晒太阳时，如发现宝宝皮肤变红、出汗过多、脉搏加速，应立即回家并及时给宝宝补充温开水或淡盐水，或用温水给宝宝擦身，也可晒一会儿就到阴凉处休息一会儿。

不要隔着玻璃给宝宝晒太阳。经测试表明，紫外线隔着玻璃透过率不足50%；若距窗口超过4米，则紫外线不足室外的2%。所以隔着玻璃晒太阳实际上没什么作用。

案例2. 亲吻宝宝有讲究

小宝7个月了，是个人见人爱的男宝宝。周天跟着妈妈来奶奶家玩，临走时候，妈妈让小宝表演一个亲亲"小绝活"。小宝乖巧地用小嘴挨着亲了舅舅、舅妈、爷爷、姨妈的脸蛋。最后轮到奶奶了，小宝小嘴伸过来的时候，奶奶赶忙用嘴亲了小宝的小嘴，逗得大家哈哈笑。

【分析】

宝宝长得人见人爱，爸爸妈妈或其他长辈难免会有情不自禁亲吻小宝宝的举动，会表演"亲亲小绝活"的宝宝更加讨长辈们喜欢……这些现象在现实生活中难以避免，但从保健的角度来看，其实都是不对的。因为7个月的宝宝免疫水平低，抵抗力比较差，这种相互亲吻很容易将病毒或者细菌通过呼吸道传播给孩子。

【对策】

平时，最好只亲吻宝宝的额头、胳膊、头发、小脚、小屁屁就可以了。为了孩子的健康，家长应该做到以下几点：

（1）不要随便让别人亲吻孩子：有的人为了表现对孩子的亲热，动不动就亲一亲，很多家长碍于情面并不会拒绝。在这里要提醒家长，一定要学会帮孩子拒绝别人的亲吻，因为我们并不了解对方的健康状况，万一对方有某些传染类疾病，孩子就很容易被传染。

（2）不要嘴对嘴亲吻：即便是爸爸妈妈，亲吻孩子时也不要嘴对嘴，因为大人口中有几百种通过亲吻可传染的病菌。此外，家长还应注意不要给孩子吃大人咀嚼过的食物，因为这和嘴对嘴亲吻的效果是一样的。

（3）不要亲小宝宝的手：小宝宝很可能会把刚刚被亲吻过的小手放进口中吸吮，无形中就增加了病菌感染的机会。

当大人有感冒、流行性腮腺炎、流行性结膜炎、皮肤病、口腔疾病、肠胃疾病、流行性肝炎或者携带具有传染性的肝炎病毒等情况时，请不要亲吻宝宝。

带妆时尽量不要亲吻宝宝，不少化妆品含有铅、汞等化学物质，有的含有雌性激素，这些有害物质通过亲吻进入孩子体内，很容易引起慢性铅汞中毒、早发育等病症。

很多家长下班回家就急不可待地抱一抱、亲一亲孩子，殊不知，我们在外面接触各种物品，包括手机、钱币、公共交通工具等都是细菌集中营，如果不洗手洗脸就直接抱孩子、亲孩子，这些细菌就会转移到孩子身上。

案例3. 隔代教养，妈妈需要跨越的鸿沟

天天10个月大，男宝宝。平时妈妈上班，天天就由奶奶带。奶奶平时话少、安静，天天也很乖、很听话，但是抱出门的时候，天天总是表现得胆小怕生。妈妈觉得天天性格出了问题，于是买了许多家教书籍，不仅自己学习书中的教育方法，还要求奶奶也照着做。奶奶却认为天天还小，怕生是正常的，不接受妈妈的建议。妈妈感到很无力，不愿意和老人争执，又担心这样下去会对天天的性格形成造成不良影响。

【分析】

很明显，奶奶的性格使然，宝宝得不到应有的语言交往刺激和嬉戏活动的感觉体验，这对10个月大宝宝的成长发育是非常不利的。一方面要继续做奶奶的工作，让她接受科学的育儿知识；另一方面，妈妈在下班后要多多陪伴孩子，弥补奶奶隔代教养的不足。

【对策】

最新调查显示，在一线城市祖辈带孩子的现象占50%～70%。祖辈带孩子的优点

在于对孙辈有耐心，有充裕的时间陪伴孩子，最主要的是能减轻年轻夫妇的压力。当然，祖辈对孩子无原则的迁就溺爱、接受新事物较慢，也是隔代教育的弊端。面对现实生活，年轻的爸爸妈妈们不应消极埋怨，而应该积极主动地在家庭中建立一种新型的隔代教育模式。

（1）统一思想认识，加强对孩子教育的主辅意识。祖辈与父辈在教育孩子的问题上多沟通，老人和父母要学会换位思考，在彼此沟通的基础上达成共同的教育理念。可以事先约法三章，比如，父母教育孩子时祖辈不要干涉，而父母也不能在孩子面前责怪爷爷奶奶做得不对的地方，并坚持教育孩子的原则——以父母为主，老人为辅。

（2）当年轻父母与老人发生矛盾时，要先摆明利害关系，承担主要责任，不要指责老人从而伤害老人的感情，同时，还要循循善诱，让老人意识到自己的行为不符合科学养育的理念。比如上述案例中，妈妈没有责怪奶奶，但也没有很好地和奶奶沟通——奶奶喜静而很少带宝宝外出，妈妈应该从孩子健康发育的角度要求奶奶多带孩子到小区里活动，多和同龄小朋友交往。

（3）爸爸妈妈不论多忙，都要抽时间多陪伴孩子，不能把对孩子的教育完全推给祖辈家长。在平时的亲子活动中，父母多带孩子一起出去玩，看看外面的世界，让孩子体验和父母在一起的快乐，同时，也让父母更多地了解孩子的个性，找到正确的相处方式。

（4）祖辈不固执己见，既要发挥自身经验丰富的优长，也要善于吸收新知识、接受新观念，科学育儿，而爸爸妈妈在教给祖辈新知识的时候要耐心、反复，用深入浅出的方法让老人学懂弄通。

总之，隔代教育需扬长避短，共同进步，构建和谐的家庭教育模式，让祖孙三代之间有沟通的桥梁，用科学的方法教育孩子，提高孩子的综合素质，真正体现隔代教育的价值。

案例4. "萌牙"宝贝的烦恼

琪宝4个月了，女宝宝，最近吃手很严重，时不时就把手指伸进嘴里抠、啃、咬，不让吃就哭闹，感觉脾气也比以前大了，流口水情况也很严重。到医院检查，医生说是宝宝萌牙的表现，让我们好好护理这个特殊阶段。

【分析】

正常情况下，孩子在5~6个月就会开始长牙（有的可能在4~5个月时就开始长出）。出牙期的孩子会出现不同程度的不适表现，最常见的是牙龈发痒、心情烦躁、口水不停，还有部分孩子会出现低热、腹泻的症状。

【对策】

在宝宝出牙这个特殊时期，父母的家庭护理尤为重要。

（1）牙龈不适：牙齿萌出会导致宝宝牙龈痒、牙龈疼痛，使得宝宝总是把手放到嘴里抠、啃、咬。这时，家长可以洗净双手，用纱布蘸点温水擦拭宝宝的牙龈缓解不适，或者买婴儿专用的牙胶或者磨牙棒，既可以缓解不适，也可以锻炼宝宝的咀嚼能力。另外，还要注意孩子的口腔卫生，多给孩子漱口并按时刷牙。

（2）发热：如果宝宝腋下体温超过37.5℃，就表示发热了。如果体温不超过38.5℃，只需物理降温（多喝水、温水擦身）；如果宝宝体温超过38.5℃，可服用退烧药物降温；如果宝宝持续发热，有哭闹拒食等情况，应及时看医生，提防合并感染。

（3）腹泻：如果宝宝只是大便次数多，大便的水分不多时，辅食最好以粥、细面条等易消化的食物为主，并注意卫生清洁和餐具消毒；如果宝宝一天大便次数超过10次，并且大便的水分较多，就需要马上就医治疗。

（4）流口水：流口水是宝宝出牙期正常的生理现象，最好给宝宝戴上围嘴，并及时擦干流出来的口水，保持其口腔卫生。

（5）保持环境不变：孩子在长牙期身体不适、心情烦躁，对周围环境的改变很敏感，所以不要在这段时间内搬家、换看护人等。

案例5. 如何能让宝宝自主入睡？

我家有个11个月大的男宝宝，感觉睡眠习惯没有养好——从小就很难自己入睡，必须是妈妈抱着摇着才能哄睡着。有几次妈妈加班回来晚，宝宝就是不睡，执拗地等妈妈回来哄睡。我很有压力，担心这样下去对宝宝的成长发育不利。

【分析】

吃奶和睡觉对宝宝而言是并驾齐驱的两件大事。其中，11个月大的宝宝一天的睡眠总量应该在12~14小时（白天大致是2~3小时，夜里10~11小时），而睡眠习惯不好的宝宝，其主要原因还是家长从孩子刚出生时没有建立科学育儿的意识，从而贻误了培养孩子良好睡眠习惯的时机。所以，培养宝宝良好的睡眠习惯，既是对宝宝负责，也是对自己负责。

【对策】

让宝宝快速入睡要注意从以下几点入手：

（1）从孩子2个月大开始，就应该开始实施睡眠仪式——将睡眠的规律建立起来。例如，在每天固定的时段营造入睡氛围：拉上窗帘，开启夜灯与催眠音乐，满足宝宝的生理需求（在入睡前充足哺乳、换干爽的纸尿裤和干净衣服），让孩子逐渐养成一进入固定的氛围就准备入睡的习惯。

（2）保持室内环境相对安静和光线暗淡。

（3）睡前不要过度兴奋，可以讲睡前故事或唱摇篮曲等。

（4）在睡觉前不要养成抱着、晃着、含着奶头或吮吸手指入睡的习惯，否则长此以往容易形成睡眠依赖，一旦失去以上依赖因素，宝宝则很难入睡，或容易频繁夜惊、夜醒。

温馨提示

建议爸妈在哄睡的过程中加入触觉的安抚，来自爸妈的抚触会让宝宝感到安全，并容易安心入睡。宝宝入睡后2~3小时会有一段轻度躁动不安，这时不要立即抱起宝宝，只需抚触或轻拍宝宝，直至宝宝再次安睡。

注意白天多让宝宝尽情游戏，这样使宝宝的体力充分消耗后，夜晚就更好入睡。最好在晚上6点前安排宝宝进行一次固定的锻炼（不宜剧烈），这样能很好地促进宝宝的睡眠。

宝宝的房间不要频繁更换，保持相对稳定；房间温度适宜、保持通风；盖的被褥不宜太厚，最好是透气性能较好的棉质品。

　　做父母应该有信心带好宝宝。1周岁的宝宝，自我意识萌芽，独立活动的愿望越来越强烈，这是宝宝心理发展重要的转折期。父母在照顾好宝宝的同时，也要学习读懂宝宝的心理，并给予积极的引导。我们把这一时期划分成两个阶段。每个阶段的教养建议中增加了亲子互动游戏及温馨提示，针对与宝宝的相处模式做重点解答。

第二章

1～2岁幼儿家庭照护指导

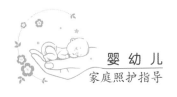

一、1~1.5岁幼儿教养建议

1~1.5岁宝宝主要发展指标

★ 男孩平均身高76.5~82.7厘米，平均体重10.05~11.29千克；女孩平均身高75.0~81.5厘米，平均体重9.40~10.65千克。

★ 男孩平均头围46.4~47.6厘米，女孩平均头围45.1~46.4厘米。

★ 宝宝站着时，能够自己蹲下；能够将小物品放入杯里，再倒出来。

★ 宝宝开始萌发语言，但不能准确表达自己的意思，常常会用一两个词和身体语言代表一句话的意思。

★ 宝宝无论在体格和神经发育上，还是在心理和智能发育上，正处于迅速成长的阶段。随着年龄增长，他的牙齿会逐渐出齐，但胃肠消化能力还相对较弱。

保育照护建议

1.饮食营养

1～1.5岁的宝宝膳食安排原则：保证足够的营养，从以奶为主的饮食过渡到成人膳食。

为宝宝选择的食物必须含有丰富的营养素，要重视动物蛋白和豆类的补充，特别应补充一定量的牛奶（一般每天不超过800毫升），以保证优质蛋白质的供应。多吃蔬菜、水果。此外，粗粮细粮都要吃，以避免维生素B1缺乏症。

主食可以吃软米饭、粥、小馒头、小馄饨、小饺子、小包子等，家长不用担心宝宝吃得不太多，每天的摄入量在150克左右即可。

2.良好的睡眠习惯

宝宝1岁后，精力旺盛，睡眠的时间较之前变短。

宝宝瞌睡的时候就会自动入睡。在培养宝宝睡眠习惯的过程中要重视睡前的仪式，如洗脸、洗脚、拉窗帘、关灯，可使其情绪逐渐安定；上床后不说话，不拍不摇，不搂不抱，自动躺下，安静入睡。在睡眠过程中，家长要监护宝宝睡眠状态，养成不蒙头、不含奶头、不咬被角、不吮手指等习惯。可以语言爱抚，但决不迁就，要让宝宝依靠自己的意志入睡。

宝宝入睡困难时，家长可调整宝宝的一日作息，由1岁之前上、下午各小睡一次，夜晚一整觉，调整为下午小睡、夜晚一整觉；增加活动量，上午10点和下午3点尽量带宝宝到户外玩耍，消耗旺盛的精力。深夜宝宝睡醒后哭闹或者要求玩耍，家长不宜开灯陪玩，尽量保持安静使其再次入睡。

3.避开蓝光伤害

两岁前是宝宝视觉发育的关键时期，强刺激光线，特别是蓝光会损伤宝宝的视力。日常生活中的电视、手机、大商场外的LED屏等电子设备发出的蓝光，可以穿透

晶状体直达视网膜黄斑区，对眼睛伤害很大。这就属于光污染。家长应有意识避开蓝光对宝宝眼睛的刺激，多带宝宝去大自然欣赏美景，提高眼睛的敏感度。

4.异物进眼睛的处理

当宝宝眼睛进了异物（小飞虫、灰尘）时，因惊慌害怕会下意识地用手揉眼睛，这样做很容易使眼角膜受到伤害。家长可先安抚宝宝，使其安静下来，然后取干净的常温水倒在宝宝的内眼角上，让宝宝头向外侧，冲洗掉眼睛中异物。

5.安全防范

这个时期是宝宝行走的敏感期，宝宝喜欢走来走去，探索家中的每个角落。家庭中除专人看护宝宝外，要注意房间死角的安全防范——阳台：设置高85厘米的围栏，栏杆间隔距离10厘米；卫生间内，将洗发水、消毒水等物品放置高处；房间内，将小床周围、沙发边际放上软毯，软包家具中尖锐的角；要在门上安装防夹软垫，避免宝宝被夹手。

6.宝宝的鞋

宝宝开始走路了，这时需要一双合适的鞋子。鞋面选择透气性强的纯棉或软皮革面；鞋底软硬适中，前掌稍薄，有脚掌抓地的感觉；鞋的前端头圆而宽大；鞋开口大有粘扣，方便宝宝自己练习穿脱；鞋子不宜过沉，影响宝宝迈步；鞋子选择合脚或者略大一些的即可。

7.房间通气

应养成每天清晨开窗通风换气的习惯。夏天可开窗睡眠，冬季可打开1～2个通风窗睡眠。宝宝起床前20分钟可关闭窗户，防止宝宝穿衣时着凉。

8.环境创设

给宝宝准备安全自由可探索的游戏环境。在家里开辟一块专属宝宝活动区，铺设软垫或者地毯，摆放适合宝宝身高的矮柜，方便随时取放玩具；有小书架和沙发，摆放几本内容简单的图画书供亲子阅读或者独自翻看；墙壁四周可张贴宝宝视线可及的图画或者照片。

动作发展建议

1.花样行走

这个阶段的宝宝进入行走的敏感期，走的兴致、能力迅速提高，从扶物走到独立走稳、停步、转弯、蹲下、起立、向前走、向后退走、跑走。宝宝的双腿逐渐协调有力，结合日常给宝宝创设各种练习的机会，如推车走、拉走玩具小鸭、扶走楼梯、上坡路等，让宝宝提高身体控制力，享受行走的快乐。

▶ **日常小游戏：UU小跑腿**

利用生活认知，让宝宝充当小跑腿完成相关任务，如开门、丢垃圾、取物品等。宝宝乐于帮大人做事情，以显示自己的能力，家长应多鼓励宝宝练习向指定目标走，锻炼边走边做事的能力。

▶ **亲子游戏：走、走、停**

家长带领宝宝一起游戏。当家长发出指令"走""拐弯""向前走""向后退"时一起做相应的动作，当发出"停"的指令时，示意快速停步，增强宝宝身体控制力。

2.好动的小手

宝宝喜欢用小手玩推倒积木塔、捏放葡萄干、抠洞、塞球入洞、套圈等精细动作游戏。同时，如喜欢重复地做"抓起—扔掉"动作，这是宝宝感受空间、认知事物、锻炼手及手臂伸缩肌力量的一种方式。家长应给宝宝创设相应的环境，提高宝宝手部操

推车行走

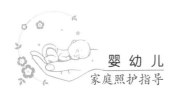

作的灵活性。对于不能随便扔着玩的东西，应明确告诉宝宝或暂时收放起来，以免造成损坏或者危险。

▶ **亲子游戏：对准打靶**

收集各种软性球如布球、纸球、海洋球、皮球放在一个筐子中，将10个空饮料瓶错落摆放在房间四周，宝宝用扔、滚球方式将瓶子碰倒。

▶ **小手游戏：捏起葡萄干**

家长将少许清理干净的葡萄干放在盘中，伸右手拇食指将葡萄干捏起，再放入另一个碗中。示范完成后，让宝宝自己练习。

> 家长示范时，要动作缓慢，使宝宝看清楚动作要领。宝宝练习时，给盘中投入少许葡萄干，提高拇指、食指"对捏"的精准度。

语言能力发展建议

华盛顿大学大脑和学习科学研究所帕特里克·库尔（Patricia Kuhl）教授的研究表明：婴儿学习语言的初始动机可以理解为一种生存本能——为了更好地沟通以获得帮助，快速地掌握语言非常必要，而7岁以后孩子的语言学习能力明显下降。她的研究中还有一个有趣的现

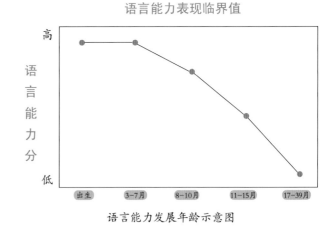

语言能力发展年龄示意图

象，即婴儿通过人的声音学习语言比通过电子设备学习更有效。

所以说：第一，语言学习的关键期在6岁以前；第二，父母的陪伴才是最有效的教

育形式。

1.会听能做

宝宝进入言语发展阶段，呈现"听得多、说得少、以词带句、一词多义，重叠发音、以音代词"的特点。家长要积极给宝宝创设表达的机会，如当宝宝想出去玩时，会把身体转向大门或用表情、语气、手指示意自己的想法。家长明白宝宝意图后要及时进行语言沟通，如说，宝宝是想出去玩吗？点点头说"是"等，鼓励宝宝模仿发音，促进语言发展。

▶ **亲子游戏：点名答到**

家人围坐一起，由一位家长发起点名邀请，呼唤到谁，用"哎"或"到"应答。当呼唤宝宝时，宝宝回头观望，家长可扶宝宝做举手动作，同时替宝宝答到。

温馨提示

多次练习后宝宝记住会举手示意或出声应答。家长对宝宝的进步要鼓励和表扬。日常生活中，当宝宝呼唤爸爸、妈妈时，家长也要及时答应，建立一问一答的语言沟通模式。

▶ **亲子游戏：接字游戏**

家长取方巾铺平，上面放上宝宝的1～2个小玩具。宝宝和家长拉起方巾，跟随儿歌节奏左右摇动，当说到"翻跟头"时，向上抖动方巾，让小玩具像锅里的豆子一样翻滚一次。如"豆豆"翻出了"锅"，可让宝宝捡回来，游戏继续进行。

温馨提示

重复玩游戏，鼓励宝宝接字，如家长说出前两个字或一个字，让宝宝填补后面。如说"炒豆"有意将语气放慢，让宝宝去接最后一个"豆"。

🎵 儿歌：炒豆豆

炒豆豆，炒豆豆，炒完豆豆翻跟头。

2. 亲子阅读

这个阶段的宝宝对图书有了初步的阅读兴趣，应选择贴近宝宝生活和故事情节重复性比较多的图书。家长更应声情并茂地跟宝宝阅读，并加上肢体语言，帮助宝宝理解故事。

《噼里啪啦系列丛书》

《我来给你撑伞吧》

《柠檬不是红色的》

《真好吃呀！》丛书

情绪情感发展建议

1.积极的情绪体验

宝宝见到父母回家会开心地笑，对少见或没见过的事情就害怕，得到夸奖会得意，气球破了会伤心大哭，宝宝会真实、强烈地展现自己的情绪。对于不安的情绪，家长应理解、耐心抚慰、接纳，转移宝宝注意力，使宝宝尽快平复安定，保持积极的情绪状态。

▶ 亲子游戏：招手问好

抱宝宝在镜子前，对着镜子里的宝宝招招手说"宝宝，你好"，引导宝宝也给妈妈招手。宝宝学会后，跟家人练习招手问好。带宝宝出门时，家人主动跟熟人打招呼，向熟人介绍宝宝，锻炼宝宝有意识地主动招手问好。

2.好朋友聚会

此阶段宝宝对家人充满信任感和依赖感，有家人陪伴在身边，宝宝会情绪安稳愉快。家长要不断扩大宝宝的社交范围，建立对他人的信任。如每周至少2～3次带宝宝参与同龄小伙伴玩耍，熟悉彼此，消除彼此的陌生与害怕，提高宝宝的社会适应性。

▶ 游戏：一起玩

相约几位家长带宝宝一起玩。可提前准备充足的玩具，如套塔、嵌板、图书、积木、小汽车、皮球。坐

与小朋友聚会

在一起玩耍时，如果宝宝紧张不安，家长暂时抱起宝宝观看，待宝宝熟悉适应后再和大家一起玩。

温馨提示

宝宝正处在独自玩耍阶段，偶尔会好奇地观看、抚摸同伴，或从同伴手中"争夺玩具"，对于宝宝自发的社交行为，在无伤害的前提下，家长不要干涉，让宝宝们按照自己的方式社交。

认知发展建议

1.亲身感受获得真实经验

对小细节的关注是此阶段宝宝观察事物的特点，好奇心驱动其在家里四处探索。家长可以给宝宝创设安全的环境，使宝宝能够专注地看、闻、听、触摸等，整合感觉信息，建立自己的认知经验。家长可以跟宝宝互动，认知自己如五官和身体各部位，分辨颜色、形状、不同的物品，去户外认识动物、植物，接触新鲜事物，开阔宝宝视野，获得风雨阳光、鸟叫虫鸣等亲自然的真切感受。

亲近动物

走进大自然

▶ **亲子游戏：把大自然带回家**

利用家里阳台的一处空间，开辟家庭种植区域。将收集的瓶瓶罐罐装上水或土，种上种子（黄豆、绿豆、发芽的土豆、生姜、萝卜等），和宝宝一起细心照顾，观察植物的成长。

▶ **亲子游戏：宝盒**

收集海螺、石头、树皮、羽毛、木片、小块羊皮、蜜蜡、棉布块等物品放在盒子里，让宝宝触摸把玩，感受粗糙与光滑、柔软与坚硬、轻与重、冷与热，提高触觉灵敏度。

温馨提示

此阶段，在视、听、嗅、味、触的五感发展中，宝宝的触觉胜于其他感觉，所以家长可以给宝宝创设可探索的玩具，让宝宝触摸、把玩，促进手指尖的触觉辨识力发展。

▶ **亲子游戏：指鼻子**

家长指着自己的鼻子对宝宝说："这是我的鼻子，宝宝的鼻子在哪儿？"带宝宝照镜子，指着宝宝的鼻子说："这是宝宝的鼻子，宝宝自己指一指。"准备识物挂图或头像画，让宝宝指一指、认一认。也可以给宝宝准备有典型特点的动物小玩偶，如大象、小猪、小狗等，让宝宝玩抓鼻子的游戏。

温馨提示

鼻子在脸的正中，凸起，容易引起宝宝的注意。在认识五官时，可以从鼻子认起，也可以从宝宝感兴趣的认起。结合有韵律感的儿歌边做边说，加深宝宝对五官和身体其他部位的记忆。

 儿歌：小手拍拍

小手拍拍，小手拍拍，手指伸出来，手指伸出来。

眼睛在哪里？眼睛在哪里？用手指出来，用手指出来。

▶ **小游戏：图形宝宝找家**

将图形镶嵌板里的圆形、三角形、方形取出，引导宝宝观察并按照母版提示将图形放回去。

我的身体　　　　　　　　　　　图形找家

温馨提示

家长可利用废旧鞋盒给宝宝自制图形镶嵌板。

做法如下：

取干净的鞋盒盖一个，在其背面画上圆形、方形、三角形，用刻刀取下分别打磨光滑。在每个图形中间安装小抓手，让宝宝抓握、把玩，通过游戏让宝宝分辨不同，将图形与模板（盒盖上的图形）配对，提高观察能力。

2.声音韵律游戏

在艺术认知方面，跟着音乐节奏敲奏，自由摇摆是宝宝喜欢的方式，选择优美的旋律、轻快的节奏，开启宝宝的音乐之旅。

▶ 小游戏：小鼓手

寻找几种不同材质的盘子、碗或瓶子（木、塑料、不锈钢、盒子），较粗的小棒，给宝宝播放欢快的音乐或歌曲，宝宝随着鼓点尽情敲一敲，听一听发出的不同响声。

▶ 自由摇摆

播放华尔兹、小夜曲、进行曲等不同曲风的音乐，观察宝宝对音乐的反应。给宝宝提供纱巾、小沙锤、铃鼓等小乐器，鼓励宝宝按照自己的方式自由律动、摇摆。

二、1.5～2岁幼儿教养建议

1.5～2岁宝宝主要发展指标

★ 男孩平均身高82.7～88.5厘米，平均体重11.29～12.54千克；女孩平均身高81.5～87.2厘米，平均体重10.65～11.92千克。

★ 男孩平均头围47.6～48.4厘米，女孩平均头围46.4～47.3厘米。

★ 语言开始在记忆中起主导作用，幼儿逐步地积累、记住大量的词语，记忆时间加长。

★ 幼儿开始拥有了比较稳定的想象力，爸爸妈妈们要重点关注这个时期宝宝的脑发育。

★ 理解能力有所提高，出现主动互动沟通行为，会主动示好、表示需求、拒绝或情绪。

★ 宝宝非常喜欢模仿，所以这个时候也是父母对宝宝产生较多影响的时候，千万要做个好榜样。

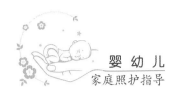

保育照护建议

1.营养饮食

注意宝宝的膳食平衡，可为宝宝每周安排固定的食谱，在三餐之间适当添加零食补充营养，较硬的零食可提高宝宝的咀嚼能力。

一岁半的宝宝正处于智力发育较快时期，通常家长们会给宝宝添加鱼油，其实宝宝一岁以后可摄入各种自然食物，宝宝的菜式多样化，让宝宝经常吃些深海鱼，如马哈鱼、三文鱼、鲑鱼等，合理搭配、营养均衡，自然就不会缺少益智因子。

2.培养良好的用餐习惯

让宝宝用餐前能安静坐在餐椅上等待；给宝宝准备自己的餐具，把各类食物适量分给宝宝；用餐时，养成吃一口、嚼一口、咽一口的习惯。成人不催促宝宝，给予宝宝适当的用餐时间，同时观察孩子的进食状态、食量及进食速度。添加新食物时，注意观察是否出现过敏现象。不要让宝宝吃太多，易造成伤食，加重消化器官的负担，导致消化功能紊乱。

坐在餐椅上吃饭

3.进食安全

宝宝的咀嚼、吞咽能力不断完善，但宝宝进食时需注意安全。例如，给宝宝吃橘子、西瓜等瓜果时，要先取核；花生、瓜子、豆子不宜给宝宝吃，以免卡在气道导致窒息；鱼肉要去刺去骨以免卡住喉咙、食道。

4.漱口

在这个年龄段，应坚持给宝宝漱口、刷牙。家长应为宝贝提供专属的漱口杯和牙刷。漱口后引导宝宝用手帕或者毛巾擦拭嘴边的水滴。

孩子若有抗拒情绪，家长可以用宝宝容易接受的方式让宝宝先了解刷牙，比如亲子共读生动又有趣的绘本《小牙齿，刷一刷》，看儿歌动画《可爱的小白牙》，孩子因喜欢模仿从而爱上刷牙，慢慢养成刷牙的好习惯。

5.如厕

纸尿布的发明给家长和宝宝带来很多方便，但是在炎热的夏天，再透气的纸尿布也会有闷热感。这个年龄段，宝宝有了一定控制大小便的能力，宝宝可以练习从尿布过渡到使用便盆。

家长注意观察孩子的尿意和便意，尝试训练宝宝的如厕能力，可为宝宝准备专属的马桶，放在固定的位置上（如卫生间一角），引导宝宝在马桶上练习自己如厕，大小便时能自己脱下裤子。当宝宝完成得好时，家长要及时给予肯定和鼓励。

如厕练习

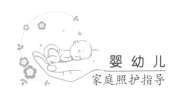
一般喝水或奶10分钟左右有小便，有意识地训练宝宝在早餐或晚餐后排便。

6.急救箱

这个阶段宝宝能够自由走动，且活动量大，但控制力不强，容易受伤，因此家长需懂得一些基本的急救常识，家中常备护理药品，例如医用棉签、碘伏、创可贴、绷带、纱布、跌打药油、驱蚊用品等，冰箱中常备冰块，以备急需。

7.培养宝宝的自理能力

宝宝自我照顾的能力进一步提高，家长应该摒弃包办代替的教育方法，适当放手，对幼儿进行正面教育，培养幼儿的自我服务意识和能力。例如，幼儿小便、洗手、穿衣、喝水时尽量让他们自己先动手，以此来增强孩子独立生活的能力，有助于提高孩子的自信心。

练习穿衣

8.游戏环境

宝宝已经从小婴儿过渡到学步儿，活动区域可扩展到室外，增加器械活动，例如攀爬架、秋千、滑梯、荡船、推车、皮球等。

室内布置属于宝宝的活动区域。如购置适合宝宝高度、坚固稳当的柜子、小书架、桌子、沙发，将玩具分类摆放或存放。地面铺设地毯、地垫，宝宝可舒服地进行地面游戏。定期清洁、修补更换玩具材料，保证幼儿对活动充满高度兴趣。

宝宝游戏区

动作发展建议

1.模仿操

随着宝宝身体运动及协调能力的增强，宝宝喜欢模仿周围的事物，边说儿歌配合做动作的模仿操是宝宝喜欢的形式，可以是开飞机、开火车、划船，也可以模仿小动物的动作，促进全身的动作协调。

 儿歌：毛线绕绕

毛线绕绕，毛线绕绕，啦啦啦啦，咚咚咚。

（双臂握拳在胸前做绕线动作2次后，双臂相反方向拉伸2次，拳头敲三下）

做好了，做好了，小花猫的小鞋子。

（打开手掌变小花猫捋胡须状）

家长可以带着宝宝模仿鸡、鸭、狗、羊等动物的典型动作进行创编。

2.多种运动方式

1岁半后，家门已经关不住精力旺盛、喜欢探索的宝宝了。天气条件允许，每天上、下午两段时间带宝宝参加户外锻炼，如上下楼梯、走斜坡、踢皮球，还可以利用环境中的材料设置游戏场景，让宝宝练习踮脚尖走、金鸡独立、双脚蹦跳、跑、躲闪等动作技能，促进身体的协调发展。

▶ 体能游戏：过小桥

铺一条树叶或报纸"小路"，家长带宝宝从起点处走上"小路"再从终点走出，引导宝宝沿路径朝一个方向走。在此基础上，家长变化场景，让宝宝做跑、跨、跳、钻练习。同时结合小筐、盒子、皮球、玩具车凳小道具，更能引起宝宝游戏的兴趣。

扶梯走

走直线练平衡

3.双手配合游戏

宝宝可以专注地摆弄玩具。小手会做拧、倒、插、穿、挤压、夹挟、搓捏、敲、拍和戳动作，喜欢跟着妈妈做家务活。此时，应鼓励宝宝使用工具，结合自理习惯的养成，促进双手配合做事，手眼脑协调发展。

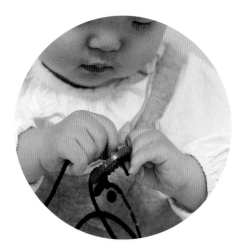

练习穿线

▶ 小手游戏：拧瓶盖

家长取宝宝面霜空瓶一个，左手握瓶身，右手拇、食、中指捏瓶盖，双手手腕向相反方向做拧的动作，打开瓶盖。示范完成后，让宝宝自己练习。

生活中收集各种带螺纹的废旧物品，如小药瓶、矿泉水瓶、面霜瓶、口红管等，让宝宝练习拧、配对。初期给宝宝提供螺纹较短的物品练习，待双手配合协调后，再增加螺丝较长的物品练习。

语言能力发展建议

1.咿呀学语

1岁半后，宝宝思维开始萌芽，开始咿咿呀呀说个不停，表现出对口语表达的兴趣及主动性。宝宝开始用简单句（双词句）表达自己的需求，如说妈妈拿拿、宝宝门门等短语句。有些宝宝还说不清楚，家长应尊重宝宝的个体差异，依据当前语境耐心分辨，正确示范，鼓励宝宝完整表达简单句。

▶ 看图说话

家长给宝宝准备识物大卡，如指着水果图片问宝宝："这是什么？"宝宝回答："果果。"家长回答："百香果。"然后再重复问宝宝一次，让宝宝完整回答。

▶ 学说形容词

引导宝宝在理解名词的基础上尝试应用形容词和动词，如：皮球，圆圆的皮球，皮球跳一跳。可利用实物学习语言的方式，调动宝宝的多种感官，如：拿一个苹果，请宝宝通过看、摸、闻、尝等多种感官方式来试着描述"红红的苹果、香香的苹果"等。

指认、识物

感受苹果香味

温馨提示

家长应坚持用成人规范语言跟宝宝说话，当宝宝说"饭饭""门门""灯灯"时，家长示范规范的语言，如说"宝宝要吃饭""宝宝出门去""宝宝要开灯"。家长要重视每一次与宝宝对话时规范语言的使用。

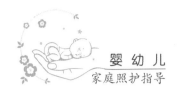

2.膝上童谣

膝上童谣是集感知韵律节奏、刺激前庭觉、发展语言于一体的亲子游戏，是1～2岁宝宝的一种语言活动方式。家长可从传统的童谣、歌曲中筛选有韵律感的几首，以骑膝马的方式与宝宝互动，使宝宝在快乐的游戏中获得语言能力的发展。

▶ 亲子游戏：小老鼠上灯台

家长双腿并齐坐在地面上，宝宝面对家长坐在家长膝盖上，家长双手扶住宝宝腋下，有节奏地朗读儿歌，双腿配合上下颠动，当说到"叽里咕噜滚下来"时，家长和宝宝身体向一侧倒下。

 童谣

小老鼠，上灯台，

偷油吃，下不来。

叫妈妈，妈妈不在，

叽里咕噜滚下来。

3. 亲子阅读

阅读时间开始前，做一个小小的热身，可以是跟图书相关的知识点，也可以随意做一个小游戏或唱一首儿歌，放松身心，将宝宝的注意力吸引到父母身上。阅读中，尽量让宝宝参与寻找答案，也可以表演复述简单的故事情节，一问一答中提高宝宝的语言能力。

 推荐书目

《谁藏起来了》

《走开，大怪物》

《小蓝和小黄》

《猜猜我有多爱你》

情绪情感发展建议

小牛脾气

宝宝心理逐渐走向独立，自我意识增强，但语言能力弱，当需求不被理解时，急躁、执拗的脾气就会显现出来。家长积极且稳定的状态是宝宝获得情绪榜样的前提。如关注宝宝的诉求，疏导宝宝情绪等，也可以通过游戏使宝宝能体察别人的情绪、感受，学会关心他人情感。

▶ **亲子游戏：给娃娃喂**

家长取矿泉水塑料瓶或纸盒给宝宝改装成一个张大嘴的娃娃头，准备玩具勺、一小碗大芸豆。妈妈以游戏的口吻，让宝宝当妈妈给娃娃喂豆子。家长可模仿着急的娃娃，引导宝宝说出"烫，慢慢吃"，做出吹一吹、抚摸等动作。

▶ **游走游戏：去看戏**

妈妈和宝宝面对面手拉手，按歌谣节奏做"拉锯"动作。熟悉儿歌后，拿着篮子，在家里游走，当走到宝宝的玩具前面可问宝宝"带着××一起去吗？"还可启发宝宝说一说还可以带着谁一起去。在有同伴的环境中，儿歌中可加入小伙伴名字，促进宝宝养成关注他人的社交意识。

扮家家游戏

 儿歌

拉锯扯锯，姥姥家里唱大戏。宝宝去，妈妈去，我们一起去看戏。

拉锯扯锯，姥姥家里唱大戏。宝宝去，妈妈去。带着（谁）一起去。

对宝宝来说，所有的物品都是有生命的。游戏时，当宝宝要求不能被满足时，家长也可试图说下自己的想法，或假装做出动作，满足宝宝的需求。

▶ 玩具回家

宝宝玩完玩具后，家长让宝宝当小主人请玩具回家。可以说：玩具玩累了，要回到自己的家，宝宝帮帮小玩具吧。依次将皮球放回筐子、玩具放回盒子、各种小物件摆在架子上等。重复肌肉记忆后，让宝宝说一说玩具的家在哪里。

温馨提示

　　家长是宝宝崇拜的偶像，宝宝渴望成为大人的样子。宝宝如果做得好，得到表扬，就更加有信心。除了整理玩具，家长还可以给宝宝派一些小任务，如给妈妈摆拖鞋、递毛巾、送物品等，增强活动内容和互动频率，培养宝宝关心他人的习惯。

认知发展建议

1.依据兴趣开展活动

随着宝宝感觉器官的发育越来越成熟，宝宝认知空间变得清晰开阔，记忆力增强，想象力萌芽。能初步理解一些简单的抽象概念，如今天和明天、大小、快慢；能分辨物品并归类；理解简单问题并尝试解决；按成人指示调整自己的行为。家长可依据宝宝兴趣点，积极开展认知及探索性游戏活动。

▶ 感知大小

准备颜色一致、大小不同的乒乓球、海洋球各10个，混放在一起。取大、小球各一个，触摸并辨识大和小。准备两个筐子，提示按大小分类投放。取废旧纸箱一个，在纸箱上开出大、小两个洞口，进行"投球入洞"的游戏，知道大球进大洞、小球进小洞的一一对应。

▶ 用棍取物

将小球滚落在沙发或电视机柜下，鼓励宝宝想办法将小球取出。家长取长短不同的小棍，尝试使用合适的小棍将球取出，丰富宝宝生活经验，建立想办法解决问题及使用工具的能力。

▶ 亲子游戏：小孩小孩真爱玩

家长拉着宝宝手边走边说："小孩小孩真爱玩，摸摸这、摸摸那，摸摸沙发跑回来。"宝宝找对了，家长可问："沙发是干什么用的？"启发宝宝说一说。

　　家长可逐渐增加难度，如把宝宝能看到的物品藏起来，让宝宝找一找，加强宝宝对家中物品摆放位置及用途的认知。

2.模仿做律动

▶ 律动《我爱我的小动物》

宝宝喜欢模仿小动物的叫声、动作。家长坐宝宝对面，边唱歌边做动作，鼓励宝宝模仿。

 儿歌：我爱我的小动物

我爱我的小猫，小猫怎么叫，喵喵喵，喵喵喵，喵喵喵喵；

（十指相对从嘴边向两侧打开）

我爱我的小狗，小狗怎么叫，汪汪汪，汪汪汪，汪汪汪汪；

（双手拇指放耳边，其余四指上下煽动）

我爱我的小鸡，小鸡怎么叫，叽叽叽，叽叽叽，叽叽叽叽；

（食指相对，呈小鸡嘴状）

我爱我的小鸭，小鸭怎么叫，嘎嘎嘎，嘎嘎嘎，嘎嘎嘎嘎。

（双手放身体两边，做摇摆状）

　　有时宝宝会出现延迟模仿特征。如果宝宝只看不做，此时家长不用着急或催促，只要是宝宝感兴趣的，过不了多久宝宝会自动想起来去模仿着做。

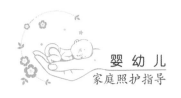

▶ **音乐游戏：许多小鱼游来了**

家长可扮演鱼妈妈，带宝宝跟随优美旋律摆动手臂模仿小鱼游；也可用泡泡枪打出泡泡雨或用纱巾抖出海浪花，营造温馨气氛。当歌曲唱到"快快抓住"时，家长可用纱巾"网"住宝宝，暗示宝宝快速逃离。游戏重复进行。

　　活动中可让宝宝体验一条鱼、许多泡泡的数量关系，在积极投入"快快抓住"的情景中，提高专注聆听及反应能力。

三、1～2岁幼儿家长常见问题解答

1.孩子感冒要不要隔离？

问：我家有两个孩子，老大感冒了，我特别担心传染给老二。要不要采取隔离措施呢？家庭护理方面应该注意哪些问题呢？

答：当一个孩子出现感冒症状时，另一个很可能已经被感染了，只是病症处在潜伏期没出现症状，或者是隐形感染，并不出现明显症状。但无论是前者还是后者，对这两个孩子进行隔离并不能阻止另一个孩子发病。

感冒可以分为普通感冒与流行性感冒。

普通感冒的病原体比较多，最多见的是鼻病毒，一般仅仅导致鼻塞、流涕、轻微发热以及咳嗽症状，并不会导致明显的传染。全身疼痛或者发热的表现不会特别严重，没有明显的并发症，只要注意休息，一周左右就能痊愈。患儿得的是普通感冒就没必要隔离两个孩子，但不隔离并不是说我们就无事可做。要注意以下几个方面问题：

（1）两个孩子接触的密度要降低，减少空气传播的概率；

（2）建议家庭成员都应该勤洗手，尤其是患儿本人更是如此，擤鼻涕、打喷嚏后及时洗手以减少病毒散播，擦鼻涕的纸巾放入带盖的垃圾桶收拾好；

（3）房间经常开窗通风，保持室内空气流通，避免细菌、病毒滋生。

流行性感冒的症状相对较重，传染性也比较强，通过飞沫在空气中传播，对身体的损害很大。如果患儿是流行性感冒，要赶紧送去医院治疗。最好不要让患儿与未患

病孩子接触，可以将未患病的孩子送往爷爷奶奶家或者姥姥姥爷家，直至患儿病愈再接回来。另外，为了预防流行性感冒，可以在每年的10月到次年的4月给6个月以上的宝宝接种季节性流感疫苗。

2.孩子盗汗怎么办？

问：我家宝宝睡着后半小时盗汗比较严重，需要治疗吗？家长应该怎么办？

答：孩子睡觉多汗的原因有生理性的，也有病理性的。

（1）生理性出汗。因为小宝宝皮肤内毛细血管丰富，新陈代谢旺盛，而植物神经的调节功能尚不健全，所以容易出汗。如不少家长喜欢在宝宝临睡时喂一瓶牛奶，喂奶后孩子睡着了，但这时正好是吃奶后的产热阶段，因此常满头大汗。这属于机体调节体温所致，家长不用紧张。

（2）病理性盗汗多见于佝偻病、结核病，以3岁以下的小儿为主。前者主要表现在上半夜出汗，这是由于缺钙引起的；后者的盗汗以整夜出汗为特点，同时伴有低热消瘦、体重不增或下降、食欲不振、情绪发生改变等症状。

对于生理性盗汗一般不主张药物治疗，而是调整生活规律，消除生活中的致热诱因。如入睡前适当限制小儿活动，尤其是剧烈活动；睡前不宜吃得太饱，更不宜在睡前给予大量热食物和热饮料；睡觉时卧室温度不宜过高，更不要穿着厚衣服睡觉；盖的被子要随气温的变化而增减。对病理性盗汗的小儿，应针对病因进行治疗。如缺钙引起的盗汗，应适当补充钙、维生素D等，多带孩子晒太阳；结核病引起的盗汗，应去医院进行诊治。

家庭护理方面应特别注意：小儿盗汗后要及时用毛巾擦干皮肤，更换衣服，还要勤沐浴。要让小儿经常参加户外锻炼，以增强体质，提高适应能力，体质增强了，盗汗也会随之停止。

3.孩子离不了奶嘴，怎么办？

问：我家宝宝1岁5个月了，天天睡觉要吃安抚奶嘴，取了就哭，没睡过一天好觉，如何平和地帮宝宝戒掉安抚奶嘴？

答：很多妈妈看宝宝哭闹就给宝宝含安抚奶嘴，暂时缓解了宝宝的焦虑情绪，哭闹的问题看似解决了，但是婴儿吸吮空奶嘴便会成为一种习惯。首先，若婴儿经常吸吮空奶嘴，虽然没有乳汁入胃，但也是可以刺激消化液分泌的，会打乱消化液定时分泌的规律，不利于乳汁的消化吸收，使宝宝食欲下降，容易造成小儿消化不良和营养不良；其次，婴儿吸吮空奶嘴会吸入较多的空气，易引起呕吐；第三，空奶嘴易被细菌污染，从而导致胃肠道疾病。

另外，9个月左右是宝宝开始学说话、乳牙萌出的阶段，过多使用安抚奶嘴会影响宝宝牙齿的生长，也会阻碍孩子学说话。因此应尽早戒掉安抚奶嘴，培养宝宝的良好习惯。

帮宝宝戒安抚奶嘴一定要循序渐进，不能操之过急，只要能在宝宝两岁前戒掉，基本上不会对孩子留下什么不好的影响。

白天可以用各种活动分散宝宝的注意力，比如和宝宝一起堆积木、外出玩耍等，先让孩子忘掉安抚奶嘴。晚上，可以把睡觉的环境改变一下，如床的位置变一变，被褥换一换。如果宝宝哭闹，可以给宝宝喂奶，满足吮吸动作，但不用安抚奶嘴；可以通过玩游戏让宝宝把安抚奶嘴塞给这个"小动物"，并说自己长大了，让小熊宝宝、小兔乖乖用吧！此时妈妈的陪伴和理解可以让宝宝的心理需求得到满足，减少对奶嘴的依赖，如睡前给宝宝讲故事、唱儿歌、轻轻拍宝宝。多试几次，宝宝就能慢慢戒掉奶嘴。

4.如何养成良好的作息规律？

问：宝宝白天午睡困难，到了晚上也兴奋得不睡觉，如何帮助宝宝养成规律的作息时间？

答：宝宝半夜不睡觉的确困扰着爸爸妈妈。在妈妈肚子里的时候，胎儿的生活没有白天与夜晚的区别，但是出生后马上就面临昼夜的差别。人类在漫长演化的过程中形成了夜伏昼出的生活习性，所以父母皆希望宝宝能调整生物钟，与父母作息时间相配合。当然，为了小宝宝的正常生长发育，也必须让宝宝建立起白天与夜晚的观念，养成良好的作息习惯。

随着宝宝成长，1岁后可安排一次午睡，午觉时建议不要让宝宝睡得太久或太晚，一般在下午4点后最好不要让宝宝睡觉。

夜晚，则需要为宝宝创造一个睡觉的氛围。在晚上睡觉前，妈妈要给宝宝建立起

一些固定的睡眠程序，例如，先给宝宝洗一个温水澡，然后给他换上睡衣、喂奶、换尿布、唱催眠曲并关上卧室灯，尽量保持周遭环境的安静。每天坚持这么做，以后每次睡前做这些事情的时候就会有一个暗示传递给宝宝：我该睡觉啦！他自然就养成了习惯。

> 关注两种情况引起的哭闹：1.饥饿与尿布潮湿。宝宝夜间饥饿、只要喂奶哭声即止；由尿布潮湿引起的，更换尿布后啼哭随之停止。2.佝偻病。得了佝偻病的孩子也会表现为夜间哭闹不睡，这时就应带孩子到医院检查，如确诊就要及时进行治疗。

5.不愿别人触碰的"含羞草"宝宝

问：我家是女宝宝，最害怕去母婴馆洗澡，别人一碰她就哭，去体检也害怕医生摸她，不知道怎么回事？有什么办法帮她克服这种恐惧感吗？

答：触觉在人类感觉系统机能中占有很重要的位置，是保证其他感官发挥功能的基础，也是人类具备的一种特殊能力。有了这种能力，就能认识自己所处的环境和我们在这个环境中所处的地位。大脑神经和触觉神经关系密切，如果触觉神经和外界协调不好就会影响大脑对外界的认识和应变，也就是所谓的触觉敏感与迟钝。

触觉敏感的孩子对外界刺激的适应性较差，害怕生人，不喜欢他人触摸。触觉刺激训练就是通过加强孩子肌肤的各项接触刺激，修正大脑的处理能力，刺激身体的触觉神经，从而建立起协调良好的关系，提高孩子的感觉统合能力。在家庭日常生活中，家长可以用软毛刷、干毛巾或丝绸等柔软的绸布按摩宝宝的背部、腹部、腕部、面部、手、脚等部位的皮肤。其中手背及前腕部是触觉防卫最小的部位，因为这些部位与正常的环境接触最多；而身体的腹侧部、足部对刺激敏感，触觉防卫大，对于这些部位的摩擦，应使用孩子感到舒适的方式进行。另外，还可以给宝宝进行皮肤刺激的游戏，如戏水游戏、泥土游戏、梳头游戏、毛巾卷蛋游戏、草坪裸足走等，都可以提高宝宝触觉适应性。

6. 让人头疼的啃手宝宝

问：我家宝宝晚上睡觉的时候总是要把大拇指塞在嘴里，还咬指甲，为此我伤透了脑筋……有什么好的方法可以帮他改掉这个坏毛病？

答：宝宝处在敏感的口欲期就喜欢吃手指，这是正常现象，不用担心。一岁多的宝宝经常出现吮指现象可能有两种情况，一是体内缺乏微量元素，二是属于不良习惯。孩子有可能是缺乏安全感，通过吃手指这一动作来降低焦虑、放松心情，久而久之，吃手指就成了习惯。这会带来许多不良影响，比如由于不卫生，宝宝容易得病，还会阻碍牙齿的生长发育导致龅牙等。

体内缺乏微量元素的宝宝，可以通过饮食或者口服液来补充，达到正常值后宝宝啃手的问题应该会好转。

要纠正宝宝吃手指的习惯，先要改善宝宝的不安全感，陪伴他入睡；如果宝宝怕黑，可以在卧室里开一盏小夜灯；给宝宝穿长袖睡衣，用睡衣袖子把他的小手包裹起来，让他睡觉的时候吃不到手指，自然而然地就戒掉这个坏毛病了。

7. "奶瓶龋"如何预防和保健？

问：听说宝宝在吃奶的阶段容易得蛀牙，科学的叫法是"奶瓶龋"。奶是宝宝的营养来源，肯定不能停，但宝宝那么小又没法儿刷牙，怎么做才能不得"奶瓶龋"呢？

答：奶瓶龋又称哺乳龋，顾名思义就是指婴儿由于长时期使用奶瓶人工喂养，奶嘴紧紧贴附于上颌乳前牙上形成龋齿。因为奶瓶内多为牛奶、糖水、果汁等易产酸发酵的饮料，而刚萌出的乳牙钙化程度低，牙质软，又是多颗牙齿同时浸泡在奶液里，非常容易受酸的作用而脱矿，故龋坏速度快，龋坏牙数多。

"奶瓶龋"的预防和保健，首先要做到科学喂养，合理安排喂奶时间和次数。每次喂奶时间一般限定在15分钟左右，当宝宝长到7~8个月，自己抱奶瓶喝奶时，应该让宝宝在20分钟内喝完，不要任其边吃边玩，使牙齿受腐蚀的时间加长。其次要注意保持口腔卫生，每次喝奶或其他饮料后，一定要适量地喝白开水，然后用清洁棉签或湿巾给宝宝擦拭口腔及乳牙牙面（即使还未出牙也要对牙床部位轻轻进行清洗），千万不能图省

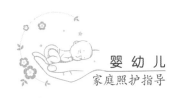

事，让宝宝含着奶瓶入睡，若已形成习惯可以先用温开水替代，并逐步弃用纠正。

8.宝宝易积食，采取什么方法调理呢？

问：我家宝宝可能是胃肠功能不好，经常积食、消化不良。如何调理宝宝的脾胃呢？

答：宝宝出生后，身体各项机能都在逐步地适应和完善，胃肠功能也是一样的。几乎每位宝宝都遇到过消化不良的情况，表现为呕吐、腹胀、胸闷、厌食、腹泻或便秘。碰到这种情况不必惊慌，但也不能轻视，因为如果肠胃出现问题就会降低宝宝的免疫力和营养吸收能力。

喂养得当是最好的调理方法：

（1）宝宝不吃时不要追着喂，能吃多少是多少，避免伤食。常说：要想小儿安，三分饥与寒。这是经验之谈。

（2）饮食要定时定量，多给宝宝吃一些易消化的面食及养胃的粥类。可以每天给宝宝熬制小米粥，小米具有健胃消食的作用，还可以防止反胃、呕吐，对肠胃很有好处；面食以发面馒头为好，避免吃不易消化的油饼之类的面食；不要给宝宝吃生冷食物或饮品，凉的食物容易损伤宝宝娇嫩的胃；不可过多食用酸奶，以免改变肠道酸碱平衡；可以多吃一些山药、芋头、南瓜、薏米。

（3）不要滥用清热泻火类药物，如板蓝根冲剂、清热泻火口服液等，此类药物多性寒、味苦，容易伤胃。

（4）在环境允许的情况下，增加孩子的户外活动量，运动可以消耗能量，加快新陈代谢，促进肠胃蠕动。

（5）孩子积食的时候可以按照医嘱服用小儿健胃消食片、益生菌等。

9.宝宝习惯性肘部脱臼怎么办？

问：我儿子1岁7个月了，每次出去转悠我都是拉着宝宝的手走路，但一不小心就会造成宝宝肘部脱臼，已经好几次了。请问如何避免这种情况再次发生？

答：宝宝手肘脱臼常发于4岁以下的孩童，6岁以后就很少见了。肘关节是由肱尺关节、肱桡关节、桡尺近侧关节组成的，这三个关节共同包裹在一个关节囊中。4岁以下的宝宝桡骨头上端发育尚未完全，肘关节囊及韧带均较松弛薄弱，受不当外力的牵拉影响很容易引起桡骨小头卡在环行韧带中，不能复位，形成"牵拉肘"，或者桡骨和尺骨向后脱位，引起"脱臼"。

肘关节脱臼不是病变，但是要注意一旦发生脱位需要在2小时之内复位，复位以后几天不能再牵拉患肢，否则就容易成为习惯性牵拉肘或脱臼。因此平常训练婴幼儿走路或者外出牵孩子时，一定要扶孩子的躯干或肘以上的部位，不可过度牵拉孩子的前臂和手腕，尤其是孩子在跳跃、爬高和摔倒时更应该注意。如果孩子出现习惯性脱位，家长不必过于担心，随着年龄的增长，到七八岁后桡骨头和环状韧带逐渐发育完全，绝大部分都不会再发生脱位，只有极个别的患儿需临床治疗。

10.如何根据季节的变换调节宝宝的饮食营养？

问：四季交替，冷热不同，宝宝的脾胃比较弱，在营养饮食方面应该注意些什么问题呢？

答：1岁宝宝身体处在一个高速发育的阶段，各种各样的营养需求应该及时得到补充，以免由于营养跟不上造成发育迟缓。同时应根据季节的变换采用时令食材，对宝宝的饮食进行变化调整。所以说，作为家长能关注这个问题对宝宝健康成长发育是非常重要的。

根据中医的五行说，肝主"木"，春季草木繁盛，故而肝气旺盛，所以就会影响脾脏和胃的消化吸收功能，因而应格外注意"少油盐等调味剂和少动物性食物"的清淡饮食原则。适当多吃富含多种维生素和微量元素的绿色蔬菜，如菠菜、春笋、豌豆苗等，补充在冬季此类营养物质摄入的不足，并且保证宝宝每天摄入500克各类蔬菜和200克各种水果。

夏季天气炎热，是宝宝食欲下降、胃肠脆弱期，饮食上稍有不慎，就容易引起腹痛、腹泻等症状。夏季宝宝饮食注意事项有：

（1）不给宝宝吃剩饭剩菜，避免因气温高导致饭菜滋生细菌、变质；

（2）从冰箱拿出来的瓜果、酸奶等食物，要在室温下放置一段时间再用，否则会使胃肠道的温度突然下降，毛细血管骤然收缩，从而诱发腹痛、腹泻等症状，而冰箱

里的饭菜一定要经过充分加热后再给宝宝食用；

（3）凉拌蔬菜一定要清洗干净；

（4）宝宝大量出汗后要适当补充淡盐水；

（5）由于夏季蚊蝇多，容易滋生细菌，所以给宝宝食用熟食时一定要经过高温处理这道工序。

秋冬季节营养食谱中尽量避免让宝宝食用生冷食物，应该更多地考虑热食。维生素的补充要有保证：维生素A对于增强宝宝的耐寒能力和呼吸道抗病能力有着不可忽视的作用；维生素D促进钙质的吸收，但具体的补充剂量要咨询医生；维生素C可以增强宝宝对寒冷的适应能力。同时，重视给宝宝补充无机盐，尤其是在寒冷的冬天，缺乏无机盐的宝宝很怕冷。

11.怎样控制宝宝的零食摄入？

问：我女儿1岁3个月，特别喜欢吃零食，不给就发脾气、哭闹，但是我怕零食对宝宝身体健康有影响。想问问，宝宝到底能不能吃零食？怎样合理控制零食量？

答：首先肯定地回答你：孩子能吃零食。1岁多的宝宝正处在高速成长发育期，每次吃得不多，消耗也快，这种情况下，在正餐之间合理补充零食就显得非常重要了。一般来说，1岁以前主要是补充奶和辅食，1岁之后，奶量下降，就需补充一顿"迷你餐"——健康的零食，这对孩子的身体发育和保持良好情绪都是非常重要的。

这顿"迷你餐"的提供方法是有讲究的。

（1）时间要固定。不要离正餐时间太近，最好与两餐间隔1.5～2小时，比如早饭是8点，中饭是12点，那就10点钟加"迷你餐"，即便出门在外也要记得给宝宝带着健康零食，在固定时间食用。

（2）既然是零食，就不能像正餐一样吃很多，也不要零零碎碎一直在吃，这样会影响正餐的食欲。

（3）选择的食品应避开蛋糕等甜品，最好是水果、苏打饼干、粗粮面包和蔬菜类。

（4）睡前不宜吃零食。

如何对待"不健康的零食"？

第一，立规矩：对于孩子特别喜欢但又不健康的零食，可以和孩子讲明吃多了对身体不好，并约定好频率，比如两天吃一次，也可以定量供给，比如一天只能吃多少。当孩子明白他喜欢的零食是可以吃到的，就不会缠着你要了。第二，以身作则：当着孩子的面，自己尽量少吃不健康的零食。第三，家长们一定记得不要把零食作为给孩子的奖励，这种方式容易给孩子养成不好的零食习惯。

12.如何给宝宝选择替代奶品？

问： 我家宝宝1岁半，现阶段还是喝配方奶粉。什么时候可以选择更多的替代奶品？

答：有人说"配方奶比鲜牛奶更营养，宝宝至少要喝到3岁，最好喝到7岁"。这种说法是片面的，因为配方奶和牛奶的营养成分并没有显著的差别。宝宝满1周岁后，可以给宝宝喝全脂牛奶，也可以将少量的酸奶、奶酪等作为宝宝辅食的一部分。

给宝宝替换或增加新食品是一件需要耐心的事情，不可操之过急。

当宝宝满足以下情况时，可以逐步添加替代奶品、牛奶，直到孩子完全适应：第一，对牛奶不过敏且没有乳糖不耐受现象；第二，饮食均衡，即每天摄入的食品含有鸡蛋、肉、谷物、蔬菜和水果等，那么宝宝成长所需的维生素、矿物质、脂肪酸等营养成分就可以由这些食物供给，而DHA主要来自深海鱼，可以每周给宝宝吃两次三文鱼等深海鱼；第三，家有肥胖史的宝宝喝牛奶要比配方奶粉好，因为配方奶粉中含有的热量、糖分更多，容易体重超标。

但如果宝宝是以下情况，则在1周岁断奶后必须喝配方奶：

（1）对牛奶过敏的宝宝：需要喝氨基酸配方奶粉或者水解配方粉，也可以尝试喝酸奶。

（2）乳糖不耐受的宝宝：需要继续喝无乳糖配方奶粉，或者额外补充乳糖酶，在宝宝再大一些后，再去尝试纯牛奶。

说到牛奶，这里有一个认识上的误区需要提醒家长：**鲜牛奶≠新鲜挤出的牛奶！**

很多老人都觉得市场上售卖的牛奶可能有不安全成分，就干脆自己找人买新鲜挤出来的牛奶给宝宝喝。这完全是错误的想法。新鲜挤出来的牛奶是没有经过消毒的牛奶，含有大量细菌和病原菌，也很容易被细菌污染。如果一定要给宝宝喝新鲜挤出来

的牛奶，必须用正确的方法加热：生奶快要煮沸（不能煮沸）前马上关火，温度略低后再次加热，如此反复加热3分钟，这样加工过的牛奶才可以给宝宝喝。

13.怎样保证挑食宝宝的营养均衡？

问：我家宝宝1岁多了，吃饭时经常阶段性地挑食，有时候不肯吃蔬菜，有时候不肯吃鸡蛋，有时候一口辅食都不吃，导致身体比同龄孩子瘦小。我应该怎样给宝宝调整饮食才能保证他的营养均衡？

答：这个年龄段的孩子挑食分两种情况：一种是如果在给宝宝添加辅食时食材过于单一，随着宝宝月龄的增加，他会选择自己喜欢的味道，而对不喜欢的就会拒绝；另一种是宝宝的自我意识逐渐增强，对食物的感受也逐渐清晰，对于陌生的、不合口味的食材就会表示抗拒，因而出现了挑食、偏食的情况。

（1）培养口感：在辅食添加的初期，单一性地给宝宝添加辅食可以防止过敏、培养味觉等，等到确定了宝宝可以吃的食物种类后，可以将这些"安全"的食物合理搭配，让孩子适应多种口味，在一餐中获得均衡的营养。

（2）习惯养成：1岁多的宝宝正是自我意识明显增强的时期，所以挑食的现象会比较明显，家长不妨用些"手段"让宝宝喜欢其他饭菜，比如在宝宝饥饿时先给其饭菜，不吃饭菜就不会有牛奶喝，只能饿肚子，或者在饭菜中混合"奶味"，比如奶酪焗饭、奶香馒头等，逐渐让宝宝对吃饭有一定认识，慢慢挑食会有所改善。另外，妈妈们要尽量给宝宝营造一个轻松、温馨的进餐环境，让宝宝对吃饭这件事有一个愉快的认识。

14.如何培养宝宝规律进食？

问：我家宝宝喝奶、添加辅食比较随意，想吃就吃，不想吃也就随着他，很不规律，不知道这样是否会影响他的成长发育？会不会营养跟不上？

答：宝宝喝奶加辅食比较随意，吃不吃随着宝宝，这样的养育方式肯定是不合理的。目前，不少家长在对孩子的教育中存在着重视智力开发，轻视行为培养的现象。宝宝对食物挑挑拣拣，喜欢吃的则毫无节制地吃，不喜欢的则一口不沾，而家长也是采取了纵容的态度。长时间吃饭不规律，形成不良的饮食习惯，孩子营养肯定跟不上，而且他的肠胃功能、牙齿的咀嚼功能都会受到影响，从而危害孩子健康成长。这都与家长的教育方式有着莫大的关系。

（1）父母要坚定态度，给孩子养成定时、定量的进餐习惯。尽量做到吃饭的时间一到，全家人一同在餐桌上用餐，并规定孩子需吃完自己的那一份餐，如果孩子不吃完，就等下一顿再吃。不吃饭时控制零食供给，如减少两餐间的零食，养成孩子不挑食、不偏食、吃得杂、吃得全的习惯。

（2）吃饭时不要逗孩子说笑，不要边看电视边吃饭。这样会影响胃肠蠕动和消化腺分泌消化液，导致消化不良。也不要蹲着吃饭，否则会引起嗳气、呃逆、腹胀，影响进食量。

（3）变着花样做饭。家长平时可多研究宝宝辅食的搭配和做法，以吸引宝宝吃饭的兴趣，提高宝宝食欲，比如说胡萝卜瘦肉粥、山药排骨粥、虾米粥、猪肝粥等，食材可以自己搭配，稍微煮烂一点，宝宝可能更喜欢吃。

15.如何帮助宝宝学走路？

问：宝宝开始学习走路了，有时候用脚尖走路，室内可以开展哪些有益于练习"走"的活动？

答：刚学习行走的宝宝由于足跟肌腱没有发育完全，控制脚跟和维持身体平衡还不熟练，会出现用脚尖走路的现象。宝宝学会坐、爬、站、迈步，不但是大运动方面的重要进步，而且对于心理发展有很好的影响。这个时期，好奇心促使宝宝"跃跃欲试"地到处走动，家长可引导宝宝把"走路"与日常生活紧密联系起来，增进宝宝各方面的发展。

（1）创设安全的可探索的空间。创设足够宽敞的运动空间，准备方便使用的婴幼儿桌椅、够得着的柜子、安全的用具。宝宝在此可以随意走动、休息、独立做事。家长作为环境的支持者，做好安全保障。

（2）设立生活场景开展游戏。如拉着宝宝小手玩"去游乐园""红绿灯"游戏。练习旋转、快走、慢走、停步等动作。可将纸盒、纸箱改装成可推、拉、堆、搬运等游戏材料，家长参与其中，锻炼宝宝手脚灵活性。

（3）做父母的小帮手。家长引导宝宝多参与力所能及的家庭活动，如递送报纸、

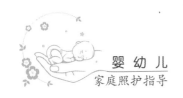

跟妈妈一起取快递、倒垃圾等短途的走路。特别提醒，刚学走路的宝宝，柔软的肌肉一时之间承载不了太长时间的负荷，所以应当动静结合，合理开展活动。

16.宝宝爱扔东西怎么办？

问：宝宝1岁3个月了，爱扔东西，是不是这个年龄段的孩子都是这样？

答："见什么都扔"是1岁后宝宝最喜欢的游戏了，甚至你捡起得越快，越会刺激宝宝快快地扔。随着游戏的深入，扔出的东西会产生不同"声音"变化，在好奇心的驱使下，宝宝会更加"乐此不疲"地重复扔的动作，很多家长都会"控诉"和不理解宝宝这种行为。随着学习走路，宝宝渐渐意识到原来那个混沌模糊的世界逐渐清晰了，意识到自己和物体是分开的，物体和物体之间也是分离的道理。扔东西就是宝宝学习使用手抛移动物品、探索空间的表现。

（1）给宝宝创设"扔"的环境。准备品种尽量多的玩具满足宝宝对"扔"的心理需要，如沙包、皮球、纸团、橡皮玩具等安全一些的物品，锻炼宝宝手臂的伸缩、手指手掌张合等运动能力。

（2）给宝宝布置"扔垃圾"任务。这个年龄的宝宝喜欢听指令做事情，可结合乱扔东西的特点，规范宝宝的行为。如告诉宝宝哪些可以扔，哪些不可以。可有意分配一些小活儿给宝宝，如："宝宝，请你把这个扔到垃圾筐里。"宝宝按要求做了，就鼓励宝宝的好行为，跟宝宝一起去检查是否全部扔进去了。同时告诉宝宝生活中的物品哪些不是垃圾，不能扔，要捡起来放回去。长期坚持，可以提高宝宝的认知力和对事物的判断力。

17.叛逆宝宝如何教育？

问：宝宝开始有了自己的主见，说什么都和我们反着来。叛逆宝宝怎么教育？

答：2岁左右，是宝宝心理发展的一个重大转折时期，这个阶段的宝宝情绪比较丰富多变，受周围事物和人的影响较大，不高兴、发脾气的现象有所增加。"对着干"是这个阶段的特点。

（1）带宝宝到更大"探索、发现"的环境中。此时，宝宝对外面的世界产生更大的兴趣。如喜欢到户外看新鲜的东西，去游乐场滑滑梯，寻找有小伙伴的地方玩。宝宝心情愉悦时，就会暂时忘记了"自我为中心"，愿意配合成人做事情。

（2）调整亲子沟通方式。尽量使用温柔且坚定的语气告诉宝宝应该做的事情。如遇到宝宝情绪不稳定，应尽量转移注意力，保持愉快状态。

（3）接受宝宝的"不要"。如果想让宝宝吃饭，但是又要防止宝宝"对着干"，可以说："爸爸妈妈要吃饭了，小狗也要吃饭了，宝宝不要吃饭了。""妈妈穿鞋出门玩了，宝宝不穿鞋。"这时候，宝宝就会要吃饭、穿鞋，由此对症让宝宝顺利度过逆反期。

18.保姆能否参与宝宝的家庭教育？

问：因为工作原因，我和孩子爸爸很忙，孩子一直由保姆带。保姆能否参与宝宝家庭教育？

答：父母在养育宝宝上占有一定的优势。教育孩子是整个家庭共同的事业，既然在养育孩子方面有保姆的参与，就要将保姆列入家庭育儿的氛围中，邀请保姆协助父母一起养育好宝宝。

（1）职责分明，配合协作。保姆的职责是替妈妈照顾宝宝，要找一个有爱心、有责任心的保姆。建议全家召开一次家庭会议，主要讨论育儿问题，达成的共识要求家人共同遵守、积极配合。家庭成员要明晰职责，合理分工，父母负责孩子的生活和教育，担当起孩子成长的最终决策权，其他成员可以献计献策、积极配合。

（2）家庭成员相互尊重，营造良好的家庭氛围。家庭育儿是一个长期的、错综复杂的大工程。每个家庭成员都应发挥好自己的优势。如：保姆专职带孩子，有耐心和经验；父母有活力，有热情，易于接受新观念，掌握方法快。为了便于沟通，可准备一个记事本，放在成人的公共区域内，在上面记录宝宝生活琐事及要完成的工作，养成定时查看记录的习惯。保姆应得到最基本的尊重，很多家庭让宝宝亲切地称保姆为姨妈、姑妈。珍惜每个家庭成员对孩子的教育贡献，这样营造出良好的家庭教育氛围，也可以减少家庭矛盾，以便全家合力带好宝宝。

（3）与孩子一同成长。家长要明确，在育儿的过程中不但能享受育儿的乐趣，也是每个家庭成员成长的契机。在孩子成长的每个阶段，家长都应通过育儿书籍，同

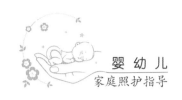
事、朋友之间的相互观摩，老师的教导，思考寻求适合自己孩子的一套教育方法，并团结一心，持之以恒，形成良好的家风，这才是孩子走向成长的健康之路。

19.宝宝动手打人怎么办？

问：宝宝总是一言不合就抢小朋友玩具，有时候还推人打人，怎么教育？

答：2岁左右是宝宝出现各种矛盾心理的阶段，一方面觉得"我能行"，有较强烈的沟通愿望，一方面口语表达及社交能力欠佳，造成了想要的东西得不到、说不清、不会"要"，很多性格外向的宝宝就会出现打人的"霸道"行为。家长面对宝宝的"不成熟"应耐心教导。

（1）正面示范。如果宝宝因急躁打人时，父母应多关注，理解宝宝的暂时行为。可先用温和的语言化解宝宝的紧张情绪，然后示范正确的做法，如怎么跟别人打招呼，怎么表达自己的想法等。

（2）制定规则。一岁半后宝宝已经能听懂很多话，也有了一定的自控能力，这时候父母要给宝宝建立规则，如什么事情可以做，什么事情不可以做。如宝宝伸手打人，应立刻抓住宝宝打人的手，同时严肃地说明"打人"不对，摆明立场，建立是非观。

（3）树立榜样。家庭成员应以文明语言和行为给宝宝做出榜样，赞赏宝宝的好行为，使宝宝表现出积极、正面的情感。

（4）明确态度。当宝宝打人时，家长应表现出应有的原则，不能因为宝宝小，就放任不管。还有的家长享受宝宝打人、发脾气的可爱神态，或者故意逗宝宝生气而去打人。这样的结果只会让宝宝形成错误的认识，养成任性的不良习惯。

20.如何提高宝宝的专注力？

问：宝宝玩什么玩具都是三分钟热度，这个是不是专注力不够的问题？

答：宝宝专注力保持时间的长短不是由家长人为决定的，而是与某个能够让宝宝产生兴趣的事物有直接的关系。开始，好奇心促使宝宝被事物的外部吸引，兴趣会让宝宝持续探索，直到失去兴致为止。为了更好养成专注习惯，可参考以下建议：

（1）玩具数量不宜过多。杂乱不堪的环境和堆积如山的玩具都会使人心情烦躁而注意力不集中。定期清理和补充宝宝的玩具柜，提供质量好、数量少的玩教具供宝宝玩耍，可以大大提高宝宝的专注力。

（2）家长对宝宝专注力要求过高。一般来说，1～2岁的宝宝以无意识注意为主，有意注意正在发展中，宝宝容易被新鲜事物所吸引，家长要有意识地保护宝宝现有专注力，巧妙转移注意力。

（3）从宝宝感兴趣或者最需要的事情入手。1岁半后大多数宝宝都进入小手探索期，他们能安静地坐下来通过摆弄积木、玩水玩沙、涂鸦等有趣的活动满足自己心理需求，在宝宝全神贯注的时候尽量不要去打扰。家长在做家务时也可邀请宝宝做力所能及的事情，如浇花、捡豆子、搓汤圆等，促进专注力发展。

21.如何引导宝宝理性消费？

问：孩子每碰到一个喜欢的玩具就要买，怎么在保护孩子对玩具感兴趣的基础上，教育孩子理性消费？

答：2岁的宝宝还不能理解父母挣钱的艰辛，也不会控制自己的占有欲，时常为了坚持自己的主张显得很"执拗"，喜欢就想拥有，不喜欢了就说"不行"。家长在权衡需不需要购买时，不妨果断立规矩，给宝宝来点挫折教育。

（1）坚持原则。当面对宝宝渴求的眼光，难下决心说"不能买"时，家长要想到宝宝未来的成长，不要给宝宝一个以自我为中心，不用付出就能轻易收获的错觉人生，理性分析宝宝的要求哪些该满足，哪些该拒绝，冷静下来给宝宝说明不能买的理由。

（2）启发诱导。可以询问家里的汽车是怎么玩的，每辆汽车有无"车库"，是否可以一起搭建高速公路等等问题，把"买"转移到如何更好地"玩"上。

（3）口径一致。宝宝在提要求的同时，也会对家长进行试探，如果家人口径一致、观点相同，态度上坚持自己见解，宝宝也会改变自己的想法。

22.宝宝边吃饭边玩玩具怎么办？

问：宝宝吃饭时一定要拿玩具玩，不给玩就不好好吃饭，这个情况需要如何引导？

答：吃、喝、拉、撒、睡、玩是宝宝全部的生活内容，饥饿是自然的生理需求，

如果宝宝把吃、喝、玩混淆在一起，不玩玩具就吃不下饭，结果会什么事情都做不好。这种边吃边玩的饮食习惯是一定要纠正的。

（1）准备宝宝餐椅。每天吃饭前10分钟让宝宝进入餐前准备环节，如洗手，戴围兜，取碗勺，让宝宝习惯坐在专用餐椅上安静等待食物的到来，不玩太过刺激的游戏或批评宝宝，以免影响宝宝食欲。

（2）饿了吃得香。宝宝不好好吃饭，查明原因，如运动量、零食供给的时间和数量、烹饪及口味，排除了这些因素宝宝还是不吃的话就收饭菜，等宝宝饿了再吃。如是宝宝脾胃消化问题，应该到医院做健康检查。

（3）循序渐进养成好习惯。宝宝用餐时，尽量减少玩玩具的环境刺激，可给宝宝另外准备小勺引起吃饭兴趣，同时可增加和成人一起用餐的机会。

23.怎样训练宝宝刷牙？

问：我家宝宝1岁3个月了，以前没刷过牙，现在特别抗拒刷牙，怎么样引导宝宝有刷牙意识？

答：宝宝从出生6个月左右萌出第一颗牙，到2岁半左右20颗乳牙全部萌出，是宝宝护牙意识建立的关键期，家长要重视并身体力行地坚持，促进其良好习惯的养成。

（1）建立护牙意识。很多妈妈在宝宝萌出第一颗牙齿时就重视保护，比如每天用柔软的纱布蘸水把牙龈上残留物擦干净，用指套牙刷刷牙，还有的喝几口水漱口清洁口腔和牙齿。家长的坚持对宝宝来说就是无形的力量。

（2）培养宝宝刷牙兴趣。为了培养宝宝的兴趣，家长可采取多种形式，如读绘本故事，唱儿歌了解刷牙常识，带宝宝购买各式宝宝牙刷、各种口味的宝宝牙膏，和爸爸妈妈一起实践刷牙全过程。当宝宝积极配合时应及时鼓励，当宝宝偷懒时家长要耐心陪伴帮助其完成刷牙。

（3）隆重的刷牙仪式。确定每天固定的刷牙时间，由一位家庭成员主持，全家积极配合，营造一个愉快的刷牙环境。宝宝被带动了，自然愿意积极参与。

24.怎样引导宝宝自己整理玩具?

问:宝宝经常把玩具扔得到处都是,怎么样引导宝宝配合整理玩具?

答:宝宝学会走路以后,对于身边新奇的物品都会去摸一摸、玩一玩、扔一扔。这些动作是此阶段宝宝手、手臂的伸缩肌发育需要,宝宝在重复地做着"扔东西"的动作中,感受事物的特性和自己的驾驭能力。如果宝宝扔家长捡,宝宝就会当成游戏乐此不疲地玩。在顺应宝宝发展的前提下,应适当给予引导。当游戏结束,家里到处散落凌乱的物品和玩具时,家长不妨邀请宝宝当小帮手一起参与整理,让宝宝从小养成照顾环境、有意识地对自己的行为负责任的习惯。

(1)家长带动整理。每次玩耍结束前预留一定的整理时间,家长以游戏的口吻询问凌乱的物品在哪里,并督促将其物归原处;也可以拿出大的整理箱,引导宝宝一起送玩具回家。整理结束,家长要夸奖强化宝宝的好行为。

(2)培养宝宝独立整理。给宝宝玩具准备一个"家",比如矮柜、书架、抽屉、盒子、袋子、提包等,跟宝宝一起商量决定图书、玩具的摆放位置,也可以用标记的方式注明,坚持要求宝宝做到玩具"各回各家"。

(3)环境中的修补。家长有意识把照顾环境细化,修补撕烂的书,整理好凌乱的环境等。这样逐日、逐步、逐件地一起积累,宝宝的好习惯才会牢固习得。

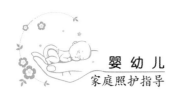

四、案例分析

案例1. "黏豆包"的心愿

我家宝宝叫晶晶，1岁半，是个女孩子。晶晶经常会挑人带，还不能独自玩耍，黏人，对妈妈很依恋，如看不到妈妈就找，妈妈在的时候就坚决不让爸爸抱，在户外玩耍时也总是黏妈妈，与小朋友交流少，胆怯退缩，不情愿也不喜欢和其他小朋友交流。这样的行为对性格发展影响大吗？怎么样培养孩子主动积极社交的能力呢？

【分析】

1岁半的晶晶黏妈妈是这个年龄段孩子的正常表现，不必为此焦虑，但这个"度"要掌握好，随着宝宝年龄的增长逐步降低宝宝的"黏度"。如果任其发展，对她今后良好性格的形成是有很大隐患的。

孩子黏妈妈，原因不外乎两个：一是孩子对妈妈正在建立良好的信任感。因为大部分宝宝在3个月的时候视觉图像能力开始从黑白色变成彩色，形状从模糊变得清晰，初步具备了分辨事物的能力，从这时候起就开始了人生中的第一个认人期。此时的宝宝会对经常照顾自己的妈妈表现出十足的依赖。当宝宝7个月大时，认人的本领更是炉火纯青，能区分谁是经常照顾自己的人，谁是陌生人，从而对前者表现出强烈的依赖、认同、接纳和喜欢，对后者则表现出排斥、敌对的态度。大量心理学案例证明，婴幼儿和母亲之间温暖、亲密的依恋有助于婴幼儿获得自身的安全感，从而建立起对他人的信任感。如果这一年龄段的宝宝对家人还没有产生适度的"黏人性"的话，将来就可能很难和别人沟通，影响他今后的社会生活和家庭生活，所以这段时间的宝宝父母最好自己带。二是孩子不能和伙伴们进行正常的交往，过于黏妈妈的孩子一般都有怕陌生人、退缩胆怯的行为表现，不敢也不愿意和同龄的小伙伴们一起玩耍游戏，因而反过来更加黏妈妈。

【对策】

那么，对于这种情况年轻父母应该采取怎样的养育策略呢?

1.建立和谐的亲子关系

妈妈在陪伴孩子的过程中，要让孩子时时刻刻感受到爱和喜欢，久而久之，和孩子之间就会建立起一种亲密无间的和谐关系。孩子只有稳定地感受到来自妈妈的爱时，才能获得安全感，自然就不担心妈妈会离开自己、不要自己了，也就不会常常黏着妈妈。

2.消除分离焦虑的恐惧

瑞士儿童心理学家皮亚杰在研究儿童心理发展时发现:2岁以内的孩子不具有客体永恒性的思维意识——指脱离了对物体的感知仍然相信物体持续存在的思维意识。所以一旦妈妈离开自己的视线，孩子心里就没有了安全感，表现出焦躁不安、哭闹、拒绝其他人亲近等行为，希望用哭闹的方式让妈妈马上出现在自己的视野范围之内。这个时候可以训练孩子接受你"不在"的事实，比如，你和孩子一起玩过家家游戏，可以这样对孩子说:"妈妈要出门了，希望宝宝在家里乖乖的，妈妈回来会特别开心的!"之后，你可以撤走，过一会儿，假装从外面回来，并拥抱孩子亲亲他，夸他真懂事，真的长大了，真让妈妈放心。这种渐进式的分离，对孩子接受与妈妈分离的事实会有帮助。

3.进行有效的亲子陪伴

孩子的认知发展是在"做中学"的，也就是说孩子的认知必须通过亲自动手体验来获得。如果妈妈看似全职在家带孩子，但只是"灌输式"地告诉孩子应该这样做而不能那样做，自己拿着手机做低头族，并没有真正引导孩子动手的话，这样的陪伴对于孩子来说是徒劳无功的。比如，你把一盒拼插玩具放到宝宝面前，要求他

拼出一座房屋，那你看到的可能只是一堆散乱的插件；如果你陪着孩子，耐心引导他观察、辨认相同和不同的插件，和他交流每种插件的用途，鼓励他大胆尝试，那孩子的认知就会在亲自动手中天天进步，慢慢地就会建立自己的关注点，最终学会能玩、会玩，任何时候都有事可做，这样，他也就不会时时刻刻都黏着你了。

4.尝试积极的伙伴交流

家长应多带孩子接触人和事物，若情况允许的话，周末可以多带孩子外出游玩。例如，妈妈可以先和宝宝一起玩，当宝宝玩得兴致高涨的时候妈妈可以悄悄退至一旁，观察宝宝是否可以自己玩，若是可以的话，妈妈可以适时地抽身。之后，便可以开始带着宝宝和同龄的孩子一起玩耍，可以邀请小朋友来家里玩，也可以带着孩子到小朋友家里去做客，让宝宝体会和小伙伴们玩耍时的快乐，并在玩耍中忘记妈妈的存在，逐渐适应不需要妈妈在他身旁的情景。

案例2. 学会与"探险家"对话

我家宝宝好奇心重，喜欢到处摸东西玩，越是危险的玻璃花瓶、台灯、开关、刀具等越是要摸。说几次都不听，有时也会惹得大人情绪失控。都说1岁多的宝宝是小小探索家，请问如何处理安全性和好奇心的平衡？如电源和电线，他知道不能碰，但是孩子不太理解怎么办？如何与孩子沟通？我比较困惑。

【分析】

首先，恭喜你家宝宝是个积极的、好奇的、参与度极高的学习者！其次，面对宝宝"无知者无畏"式的探索活动，安全教育的方式方法仍然是像你一样的年轻父母的必修课。

【对策】

作为家长，要在孩子对探索的渴望和确保孩子安全之间寻找一个平衡点，这是需要方法和耐心的。我们可以这样做：

1.被动抚触：给婴幼儿感知世界的机会

这种触摸是向孩子表达爱的一种非常好的方式。选择室内无风的位置，把孩子放在一块干燥的浴巾上面，大声告诉宝宝你要给他做按摩了，并一边按摩一边和宝宝说话，可以把正在按摩的身体部位名称告诉他：这是你娇嫩的额头，这是你的小鼻子，这是你的小嘴巴，我看到你咧开嘴巴正在冲我笑呢！这样能促进孩子语言能力的发育，也可以帮助孩子认知自己的身体。应注意的是：对新生儿的按摩可以仅限于腿、脚、胳膊、手、肩膀和后背，开始只需按摩3～5分钟，1个月之后可以每天按摩10分钟，2个月之后可以每天按摩10～15分钟。

2.主动触摸：给婴幼儿探知世界的机会

0～3岁正是孩子大脑认知发育的重要阶段，这个时候的宝宝通过触摸环境、互动来拓展自己的能力，小手接触到的事物越多，大脑就会越活跃。让孩子感受不同物品的触觉表面，如柔软的布娃娃、光滑的皮球、坚硬的小汽车，从而发现原来触摸不同的物品都会有不同的感觉呀！

3.爸爸妈妈应采取的教育方式

当宝宝四处触摸的时候，爸爸妈妈不要唠唠叨叨讲些孩子听不懂的大道理，比如，不能只跟宝宝说："不许碰刀子，这个很危险！"而是要告诉孩子："这样会弄伤手指，会流血，而且很疼的。"没有内容的教育方式很难让孩子印象深刻，把抽象的东西变成具体的事情，这样孩子就能听懂。还可以用体验的方式让孩子感受到危险的可怕，比如，父母说很多遍热水不能碰，可宝宝还是想尝试，这时，可以准备温度稍微高一点的水让孩子试一试，感觉到烫时自然就缩回手了。当然，这种体验式教育并非是真的将孩子置于危险之中，而是用与之相类似的情景替代，让孩子在安全可控的范围内意识到危险。

4.避开家居环境中的危险源

对于1岁左右没有自我保护能力的宝宝来说，家居环境中到处都暗藏着"杀机"，这些危险地带、危险事物随时都有可能给宝宝带来危险。

危险源之客厅+卧室：在宝宝学习"坐、爬、站、走"的过程中，家中的楼梯、梁柱、家具的尖角，宝宝能爬上去触摸桌面上东西的茶几、电视柜等，危险指数都很高。所以孩子学翻身的时候，要给宝宝的小床上安上挡板；家具要靠墙摆放稳当，以免宝宝攀爬、推摇时弄倒家具被砸伤；家具边缘、尖角要加装防护垫；有小孩的家庭忌用玻璃家具，玻璃除了边角锐利外还特别容易破碎，对于宝宝来说

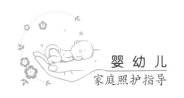

是致命"杀手";低矮的家具上不要放热水、刀剪、针算、玻璃瓶、打火机等危险物品。

危险源之卫生间:调查显示,儿童在洗澡时造成溺水和烫伤的比例较高。就算浅浅的一盆水,对于小宝宝来说也是致命的。所以,使用浴缸洗澡时,应先加冷水后加热水,用手测试水温后再让宝宝进入,万万不可一边洗澡一边添加热水;不可因为接电话等大人认为很短暂的事情把宝宝独自留在浴缸或浴盆中,洗浴后及时将水放掉;随时关闭浴室的门,如果孩子已经知道如何打开门锁,要加装儿童保护门锁;随时把马桶盖盖上,防止孩子把头伸到马桶里。

危险源之厨房:厨房里的瓶瓶罐罐、刀叉、燃气灶、微波炉等等,无一不对宝宝有着强大的吸引力,但同时,这些又是致命的危险品。所以,尽量不要让宝宝进入厨房,厨房没人时最好上锁;各种刀具、火柴、打火机等用具要妥善收藏,并给柜子和抽屉装上儿童锁;茶壶、热水瓶、炒菜锅的手柄应向内摆放,不要将这些东西摆放在宝宝可触及的地方;尽早让孩子感受"热"这个词,远离炉子、熨斗、热茶杯。

危险源之电:家中每个房间都会有电源插座,还有应急时使用的接线板,而且一般距离地面都不高,宝宝很容易触摸得到。更让人担忧的是,似乎电源插座上的那些小孔小洞对刚刚会爬的宝宝有着无穷的吸引力。所以,电视机、电脑等比较重的电器,要远离桌边或放置足够高;把松散的电线卷好用胶带固定在墙上;插座装上防护套,或者换成儿童安全插座,还可以用胶带把插座的孔洞封死;在冰箱门和微波炉门上安装安全锁。

危险源之门+窗:当门被大风吹刮或无意推拉时容易夹伤宝宝的手指;房间的门把手多采用金属材质,宝宝经过的时候很容易碰伤小脑袋;家长喜欢和宝宝在飘窗台上玩耍、晒太阳,宝宝趴在窗玻璃上还可以看看外面的世界,但是如果宝宝的活动能力增强了,再加上家长看护不当,非常容易发生坠落事件。所以,在家中所有门的上方装安全门卡,或把一条厚毛巾的一端系在门外的把手上,另一端系在门里的把手上,当风吹过时不会把门吹得关死;把棉花布套套在门把手上;随时将窗户锁好,窗前不要摆放椅子、梯子等可供攀爬的物品,如果是落地窗则一定要加装护栏。

5.寻找恰当的替代物

当孩子对厨房里的东西感兴趣的时候，可以给孩子买一套烹饪玩具，告诉宝宝，厨房里的东西是妈妈专用的，这套烹饪玩具是宝宝专用的，满足孩子想要探索厨房的欲望，转移孩子对厨房用具的注意力。

总之，我们既要积极鼓励宝宝用双手去探索世界，也要努力做好风险的提前防范，让宝宝安全地进行触摸期的"探险"活动。

案例3．我家有个"涂鸦大王"

我家宝宝1岁半，男宝宝。记得一周岁生日的时候，就给摆出了玩具汽车、积木、彩色糖果和笔让他"抓周"。宝宝抓走了笔，这个让我们很欣喜。之后我们给他买了各式各样的笔让他玩，结果他在家里的墙壁、地板、沙发上到处随意乱涂乱画，这让我们很头疼，怎么办呢？

【分析】

你应该感到高兴啊，你家宝宝抓周抓了支笔，没准儿是文曲星下凡了——这虽然是玩笑话，但1岁半的宝宝正处在涂鸦期，你不要心疼家里的墙壁遭了殃，放手让宝宝去"乱涂乱画"，这对孩子身心健康的发展非常重要。美国著名儿童美术教育学家罗恩菲尔德认为，幼儿的绘画发展可划分为涂鸦期(1.5～3.5岁)、象征期(3.5～5岁)、图式期(5～7岁)等几个阶段。涂鸦与儿童动觉的发展以及视动经验有关，它是儿童练习和发展大肌肉整合运动以及精细动作控制的过程。这个过程远远比墙壁被画得乱七八糟要重要，等孩子过了这个时期再重新粉刷你家的墙壁吧。

【对策】

1岁半左右的幼儿其行为、语言尚未成熟，只能借助各种声音、符号表达自己的思想和情感，试图以这种方式与他人沟通，让别人了解自己。对于他们来说，涂鸦代表了一些事物，例如，看上去很随意的一条线，可能代表狗在跑或气球在飞；涂鸦只是一种动作表征，不是对物体的细致描绘；涂鸦是儿童的一种意识觉醒，这种意识就是儿童认为画在纸上的线条和形状也可以代表他们想象中的事物；另外，一些儿童的涂

鸦有些像书写形式的图形，这也许是儿童试图模仿成人签名的一种表现，这种涂鸦可为儿童书写能力发展提供早期的实践机会。

但是，在现实生活中，当家长看到孩子涂鸦时，却常常认为是"毫无意义"的混乱线条，加之乱涂乱画污损了家中的环境，就会呵斥、阻止宝宝表达自己的想法。所以，希望家长们能摒弃自己的不当做法，放手让孩子涂鸦，给宝宝买一块大大的画板，告诉他画在画板上，大家都可以欣赏到他的大作，这样能减少宝宝到处乱画的情况，又能通过涂鸦促进儿童的身心发展。

案例4. 小满妈的烦恼

小满，男宝宝，1岁8个月，最近两周小满都是在去医院的路上和住医院度过。开始是妈妈带小满去山里玩着凉引起的咳嗽，接着气管发炎很快转成肺炎住院；刚出院小手又不小心划破了，赶忙去医院，又是一轮的抽血化验。妈妈觉得宝宝过了1岁状况不断，感觉带孩子很紧张，总是担心孩子再生病。

【分析】

小满妈妈，你好！你觉得宝宝过了1岁后状况不断，这个情况并不少见。因为随着宝宝一天天长大，从母体带来的抗体也会慢慢减少，而其自身的免疫力尚在一个较低的水平，因而此时宝宝的抵抗力相对是很弱的，尤其是到了季节交替或者传染病高发期很容易"中招"。你家宝宝进山游玩着凉就得了肺炎也属于这种情况。

【对策】

这个阶段家长要特别注意孩子的养育保健和护理。

（1）要规范孩子的作息时间，帮助孩子养成按时睡觉、按时进餐的好习惯，每天保证孩子的运动量和饮水量，这是保障孩子健康的先决条件。

（2）天气好的时候多带宝宝到户外运动，增强宝宝的体质。外出时要带水，及时补充水分；带几条柔软干燥的大毛巾，当宝宝运动出汗时要及时揩干；带上可以更换的衣服等。

（3）室内要经常通风和消毒。在流感季节避免去超市、游乐场等人多拥挤的地方，避免交叉感染。可以在医生的指导下，适当地给宝宝服用调节免疫力的药物。

（4）药补不如食补，全面营养、均衡饮食相当重要。给宝宝摄入足够的富含优质蛋白质、维生素、矿物质的食物是比较好的选择。常见的富含优质蛋白质的食物包括鱼类、禽肉类、奶类（牛奶、配方奶）、大豆类，富含维生素A和C的绿叶蔬菜对提高免疫力也很有帮助。只有健全的免疫系统，才能帮助宝宝抵抗致病的细菌和病毒，远离疾病。

　　父母应该是宝宝最好的玩伴。2岁之后的宝宝，身心发育又进了一大步，从牙牙学语到口齿伶俐，从蹒跚学步到飞跑自如。宝宝的兴趣爱好及个性差异也明显表现出来。2~3岁教养建议中强调成人陪伴与垂范，鼓励宝宝自己的事情自己做，鼓励宝宝与大自然亲近，走出家门尝试各种新鲜事物，满足"小小探险家"对更大世界的好奇及探索兴趣。

2
3岁

第三章

2~3岁幼儿家庭照护指导

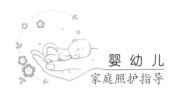

一、2～3岁幼儿教养建议

2～3岁宝宝主要发展指标

★ 男孩平均身高88.5～97.5厘米，平均体重12.54～14.65千克；女孩平均身高87.2～96.3厘米，平均体重11.92～14.13千克。

★ 男孩平均头围48.4～49.6厘米，女孩平均头围47.3～48.5厘米。

★ 宝宝使用修饰词的能力显著增强，几乎达到成人的一半；词汇量突飞猛进，一觉醒来，宝宝语出惊人，常常令父母惊讶不已。

★ 2岁半以后，宝宝能自己吃饭，自己穿脱鞋袜，能穿上面开口的衣服，扣扣子等。

★ 将近3岁的宝宝基本动作已非常敏捷，能够跳过10～15厘米高的纸盒。具备良好的平衡能力，乐意学习踮着脚走路，并能努力保持平衡。

保育照护建议

1.独立用餐

2～3岁宝宝的手、眼、口已经能协同配合，宝宝已经能独立用餐了，家长应让宝宝习惯坐儿童餐椅和家人一起用餐，保证一人一套餐具，给宝宝夹菜喂饭使用公筷或者宝宝的餐具，避免引起口腔疾病（这一点爷爷奶奶们特别要注意摒弃陋习）。由于宝宝的消化系统适应能力尚处在较弱的阶段，给宝宝提供食物应是温热、易消化的，以避免发生肠胃道疾病。

2.营养全面

每天需保证宝宝奶制品、富含维生素和钙质的食物的摄入，并搭配少量的粗粮，如牛奶、鸡蛋、玉米、小米、燕麦、红薯、红豆等；每天摄取100～200克的水果（相当于一个橘子或半个苹果），尽量选时令水果，注意桃子、菠萝、柑橘、芒果等是容易过敏的水果，如发现宝宝有过敏症状应暂时停止食用。

除了给宝宝喝牛奶外，还可选择诸如裙带菜、海带、鹿角菜、紫菜等海藻类食物，以降低胆固醇和防止便秘；缺乏微量元素锌会使宝宝在发育过程中表现出个子矮、体重低、食量小等，而禽蛋、鱼、肉、大豆等都是含锌较高的食物，可根据宝宝的情况，多给宝宝喂食此类食物。

均衡饮食是促进宝宝身体发育、增强免疫力的不二法宝。

3.保证充足睡眠

保证宝宝夜晚13小时、白天2.5～3小时的睡眠时间。睡觉前应调节好室内温度、湿度（冬天提前给卧室升温，夏天开启电扇或空调），为宝宝创设一个安静舒适、空气流通、光线柔和、被褥整洁的睡眠环境，让宝宝自然入睡。

4.尿床处理

宝宝在午睡时或者夜间尿床，家长首先应做好护理：先轻柔地撤换褥垫和浸湿的

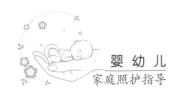

衣服，然后为宝宝换上干爽的衣裤，使宝宝安稳睡觉。其次应分析尿床的原因：有无家族遗传史、白天是否活动量大导致大脑皮层过度兴奋、睡前是否喝水过多等，针对原因采取相应措施。

如果宝宝睡眠中有翻身、不安等身体反应，可及时叫醒宝宝并协助宝宝排尿。

5.如厕训练

宝宝有便意时会下意识地出现用手触摸屁股、打冷战、面色涨红、愣神等表情，家长发现后应主动询问，并及时陪伴宝宝如厕。在此过程中，宝宝如果憋不住排便在裤子上时，家长应及时清理，不可训斥恐吓宝宝，以免造成宝宝的精神压力引起憋便。

6.养成定时排便的习惯

给宝宝准备坐便器，放置在固定位置，并告诉宝宝坐便器的用途，也可让宝宝试坐。饭后宝宝的胃肠蠕动加速，应提醒宝宝去坐便器上排便，养成定时排便的习惯。

7.日常照顾

建立规律的生活习惯，坚持细致的生活照料。如在一日生活中的喝水、如厕、洗手、用餐、午睡环节，根据宝宝不同的经验、能力、兴趣、性情和发展特点，及时满足宝宝的生活需要，为宝宝提供周到的帮助和照顾，让宝宝获得尽可能多的生活技能。

独自刷牙

8.口腔护理

培养宝宝吃饭或吃零食后漱口的习惯，在睡眠前后要刷牙。

妈妈和宝宝一起刷牙，让宝宝模仿实践。掌握几个重要步骤，刷牙前先用温开水学习漱口，刷牙时，宝宝模仿妈妈的动作，顺着牙缝由齿根向齿端方向刷。宝宝掌握后，可让宝宝看着镜子中的自己刷牙。

教会宝宝自己动手刷牙

孩子到了两岁半，20颗乳牙都萌出后，就要开始教他学刷牙了。刷牙首先要坚持"三三制"，即每天刷3次，睡前刷牙最重要；牙齿的3个面（颊、舌、咬合面）都要刷到；每次刷牙要认真、仔细地刷3分钟。还可以和宝宝一起选购专用的幼儿牙膏和牙刷，提高宝宝对刷牙的兴趣。

9.合适的穿着

宝宝日常穿戴应选择宽松合体、透气性好的棉布材质衣物。上衣最好选择开衫，便于穿脱，毛衣领不宜过高，有饰物的衣裤不适合宝宝穿着，运动帽衫应去掉绳子；裤子要大小合适，男宝宝的裤子从里到外最好都要留小便洞，不要给宝宝穿前门襟有拉链的裤子，背带裤、紧身牛仔裤、连裤袜不宜穿；选软硬合适的鞋底、有子母扣、包住脚踝的运动鞋即可，皮鞋、长筒靴不宜给宝宝穿。

户外活动、体育锻炼前应先帮助宝宝脱掉外衣，保证宝宝的手脚活动自如。气温较低时，让宝宝先做热身活动，手脚暖和了再减衣。给易出汗的宝宝后背垫上小毛巾，以免宝宝出汗时将内衣浸湿、着凉。活动结束后去掉小毛巾并及时给宝宝穿衣服。

10.洗手训练

家庭中的水龙头安装位置高、距离远，宝宝够不到，这是造成宝宝不能自主练习洗手的主要原因。宝宝练习洗手时，可给宝宝准备结实稳固、高度适合的脚凳，安装水龙头延伸器，指导宝宝正确的洗手方法和技巧。

自主洗手

11.宝宝房间布置

这个阶段应该给宝宝打造一个能培养注意力和创造力的理想儿童房间。

供宝宝活动的房间应朝南、光线充分。墙上涂料或壁纸可选择象牙白、浅粉色、浅蓝色，家具和墙面有2～3种颜色的协调搭配，有利于美感和想象力的发展。重点选择几样适宜高度的家具（玩具柜、书桌、书柜、床）方便宝宝使用。可根据宝宝兴趣点，为宝宝布置一个可动手探索的区域，提供丰富的游戏材料，如随意涂鸦的黑板、涂鸦笔、合页纸张、宝宝收藏玩具百宝箱、地毯、大帐篷、绘本、音响、小乐器等。

12.远离荧光屏

电脑、iPad、手机都有荧光屏，而荧光屏发出的蓝光对宝宝的眼睛发育有不良影响。因为，视网膜黄斑区含有丰富的黄色素，故称黄斑。黄斑中心凹是视觉最敏锐的部位，只有视锥细胞分布，叶黄素是锥体的感光色素，对400～480纳米（蓝光）的波长有较高的吸收峰，容易造成叶黄素的破坏、视锥细胞的损伤，从而影响视力。

家长不要因为自己有事情要忙或孩子哭闹，就给宝宝手里塞上iPad、手机让他自己玩。正确的引导方式是给宝宝准备动手动脑的益智玩具或图书，让其自由探索。

13.宝宝安全

现在宝宝快要3岁了，他比以前更好动，更热爱探索未知的世界。这时，需要对家里的危险因素进行全面细致的排查：刀叉等尖锐的餐厨具放进碗橱，药物、洗涤用品放在宝宝够不到处；高层的落地窗户要有安全护栏；仔细检查宝宝的汽车安全座椅是否还适合他的尺寸、安装是否牢靠；等等。总之，要时刻注意宝宝安全。

14.物品依恋

有些宝宝会非常依恋某样物品，而有的宝宝不会。有无依恋物品并不会影响到宝宝日后与他人交往能力的发展。所以，如果你的宝宝并不像其他宝宝那样依恋某样玩具，也没有必要刻意地关注这个事情。

15.幼儿体检

宝宝定期体检是非常重要的，可以帮助父母及时发现宝宝在成长过程中出现的问题，比如视力情况（弱视、斜视）、口腔卫生（龋齿）、骨骼发育（O型腿、X型腿）、身高管理等，做到早发现、早干预、早治疗。

正常情况下，1～3岁的幼儿应每半年做1次身体检查。

动作发展建议

1.协调走

2～2.5岁宝宝的身体协调运动能力增强，基本掌握了走、跑动作技能，如独走、单腿站立、双脚交替上楼梯、追赶皮球等。在日常生活中，可利用亲子互动、同伴游戏等方式鼓励宝宝充分练习已经掌握的运动技能。

双脚交替上楼梯

▶ 体操游戏：走一走

可以走一走，可以走一走，我走呀、走呀，我快点走回家。

（上体伸展，膝盖伸直，双脚自然前迈）

可以飞一飞，可以飞一飞，我飞呀、飞呀，我快点飞回家。

（双臂做飞鸟状，膝盖伸直，踮脚快速走）

可以转一转，可以转一转，我转呀、转呀，我快点转回家。

（转头—转肩膀—向一侧转身体）

可以跑一跑，可以跑一跑，我跑呀、跑呀，我快点跑回家。

（头肩稳定，以肩为轴摆臂，大腿和膝用力前摆）

我可以站一站，我可以站一站，我站呀、站呀，我变成木头人。

温馨提示

家长带宝宝做体操，可边说儿歌边做动作，充分练习做走、飞、转、跑、站等动作。在此基础上继续加入跳、踢、蹬、蹲的动作，每天重复练习，提高身体协调性。

▶ 亲子游戏：踩影子

晴朗的天气，带宝宝在户外玩追影子游戏，提高走和跑的稳定性。在玩耍过程中，家长可根据宝宝动作发展和体能状态调整移动速度，练习快跑、停步、绕行的动作技能。踩上影子后家长可假装被抓住，激发宝宝游戏兴趣。

2.球类运动

2.5～3岁宝宝的动作协调性逐渐完善，腿部力量进一步加强。球类运动可以使宝宝上下肢同时参与复杂运动，促进宝宝骨骼和大脑的发育，同时协调性、反应性、平衡性得到发展。家长可以带孩子玩各种球类运动，如滚球、投球、接球、踢球入门等，让宝宝爱上运动，促进动作发展。

▶ 游戏：小小投球手

家长可以给宝宝准备几个（大小、重量）不同的皮球，带宝宝做皮球游戏。

（1）滚球：宝宝、家长蹲位，相隔1米距离，家长将球滚给宝宝，宝宝接球。

抓影子游戏

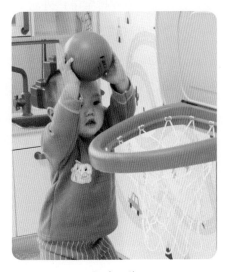

投球入篮

（2）抛接球：家长蹲位、宝宝站位。家长将球举过肩，抛给宝宝，宝宝双臂环抱接住球。

（3）投球入筐：宝宝将球逐一投到筐里。

（4）赶小球：宝宝手握羽毛球拍将皮球赶到指定位置。

（5）掷保龄球：把矿泉水瓶放一排，宝宝在1米距离外掷皮球，看看能击中几个瓶子。

▶ **亲子游戏：小皮球跳高**

引发宝宝模仿小皮球双脚离地跳高。

家长和宝宝面对面拉手，当说到"跳得高"时，家长带宝宝一起跳起。逐步放开宝宝的手，让宝宝练习双脚离地跳高（5厘米）。

 儿歌

皮球、皮球轻轻拍，皮球跳得低。

皮球、皮球重重拍，皮球跳得高。

3.丰富的户外运动

现阶段宝宝好动、精力旺盛，喜欢去户外玩耍，家长每天应安排宝宝户外活动至少2小时。可利用身边自然环境，寻找有价值的教育资源和机会进行活动。如在社区儿童游乐园玩荡秋千、爬梯、滑梯、平衡木，在小区空地玩球、三轮车、滑板车等；可一周带宝宝去一次更远的公园，通过走坡路、上下台阶、爬小山等不断提高宝宝身体双侧协调和灵活性。

钻爬游戏

4.精细动作练习

2～2.5岁宝宝手部动作灵活，双手配合能做出许多技巧性的动作，如一页一页翻图书、用笔画直线、钥匙开锁、拧开瓶盖、穿大珠子、垒高8块积木。生活中，给宝宝提供更丰富的活动选择，鼓励宝宝动动手、做一做，如握勺吃饭、双手端杯、折手帕、撕纸条，也可以通过手指游戏，活动小手指，促进小手灵活性和协调性发展。

积木叠高

▶ 手指谣：金锁、银锁，卡啦啦一锁

玩法：妈妈微攥拳头当锁，宝宝伸食指（其他指头也可以）当钥匙。宝宝的钥匙插进妈妈的拳头锁里，边念儿歌边转动手腕。当听到"卡啦啦一锁"时，宝宝手指快速离开锁，妈妈拳头握紧去抓锁。宝宝熟悉了游戏玩法后，可以一个手当锁、一个手当钥匙自己玩。

▶ 生活游戏：倒豆子

取两个带柄空杯，一个杯子中倒入大芸豆，引导宝宝双手握杯将大芸豆倒入空杯。家长观察宝宝是否能手眼协调，控制手腕将豆子全部倒入。在游戏中，家长要时刻注意宝宝不要将豆子放在嘴里，以免发生危险。特别提示：给宝宝的玩具，物品直径要超过2厘米。此游戏还可以替换为倒水练习。

5.生活小助手

快3岁的宝宝，小手精细动作已基本完善，宝宝能独立穿脱简单的衣裤、鞋袜，能解开暗扣，使用勺子、叉子、杯子，会使用安全剪刀、胶棒、水彩笔等。家长可以充分创造条件，巧妙利用日常生活中的机会激发孩子动手兴趣，如洗衣板搓洗衣服、

使用簸箕笤帚

整理玩具、擦桌扫地、晾衣架挂衣服等，促进宝宝成为家庭生活小助手。

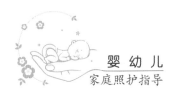

语言能力发展建议

1.在日常语境中学习语言

宝宝两岁后是语言发展敏感期，喜欢听和说，掌握的词汇量增多（50～200个词语），会用2～3个词表达完整的简单句（复合句开始出现），发音逐渐稳定和规范，有明显的语调。家长可以利用日常生活中的各种机会，让宝宝感受不同语境，与宝宝对话、交谈、唱儿歌、做应答游戏，可以加入动作边做边说，帮助宝宝倾听和理解，促进宝宝语言交流更加深入和广泛。

▶ **语言游戏：说一说**

将宝宝熟悉的玩具或用品（小球、勺子、梳子、小汽车、纸巾）放在一个布袋里（也可以用纸袋、皮包代替），家长引导宝宝使用小手触摸、摇动听声响，猜测并大声说出物品名称。取出后启发宝宝说一说物品的用途，如说勺子可以舀饭、梳子可以梳头等，发展宝宝使用简单句表达自己想法的能力。

▶ **应答儿歌：小动物唱歌**

有节奏地朗读儿歌给宝宝听，宝宝熟悉后，可进行应答游戏，增强宝宝运用象声词的表达兴趣。

 儿歌：小动物的唱歌

（家长问）小猫怎么叫？	（宝宝回答）小猫喵喵喵。
小狗怎么叫？	小狗汪汪汪。
小鸭怎么叫？	小鸭嘎嘎嘎。
青蛙怎么叫？	青蛙呱呱呱。
老鼠怎么叫？	见到老鼠吱吱跑。

▶ **边做边说**

家长可结合图片上动物特点，和宝宝边说边做相应的动作，配合完成游戏，提升宝宝语言理解力和表现力。

 儿歌

毛毛虫，一点点（蜷缩身体）

小兔子，蹦蹦跳（做跳的动作）

长颈鹿的脖子长又长（一只手向上伸长举过头顶）

鸭子走路左右摆（身体左右摆动）

小狗小狗，汪汪叫（双手掌放在耳边上下煽动）

2.学习简单的"自我介绍"

宝宝乐意倾听和讲述有关自己过去的事情。家长可挑选几张宝宝的近照，和宝宝说一说照片上的相关信息。如问：这个照片上的宝宝是谁？（我。）叫什么名字？（佳佳。）佳佳几岁了？（两岁半。）佳佳去哪了？在做什么？……宝宝逐一说出后，家长把宝宝的回答连在一起复述一遍。多次示范后，让宝宝尝试自己完整地说一说。

3.掌握人称代词的转换

人称代词的转换是需要反复练习的，通过练习宝宝才能明白人称代词指代的意思，从而掌握代词的转换。

▶ **语言游戏：捎口信**

妈妈给宝宝说："告诉爸爸，请他来吃饭。"宝宝传话后，再捎回爸爸的口信："爸爸说马上过来。"注意示范传话中人称代词的转换。如转化成"妈妈请你去吃饭""爸爸马上过来"，学习正确表达语义。

4.耐心倾听，积极解答

随着表达能力的提高，宝宝能说出自己的想法、提出自己的要求，如说："我想……我要……"并喜欢追问"为什么"。此时，家长要耐心倾听并积极解答，不断拓展宝宝的语言词汇，丰富谈话内容，还可以适当加入时间概念"今天""明天""后天"等。当宝宝表达意思混乱时，家长可以给宝宝示范正确方式。

5.正确看待"口吃"

宝宝说话的积极性高，但是发音器官及神经系统的调节功能不成熟，会出现暂时的"口吃"。遇到宝宝"口吃"的情况不取笑、不纠正，保持正常的心态，多带宝宝唱歌、念儿歌、运动、放松心情，很快宝宝就会恢复正常。

6.亲子阅读

给宝宝创设一个读书的环境，如配一个属于宝宝的书柜、沙发、台灯，方便宝宝自主取书阅读。也可常带宝宝去图书馆，感受阅读的环境和氛围。给宝宝固定睡前阅读时间，准备适合宝宝年龄和认知的图书，并和宝宝交谈书中内容。对于熟悉的情节，鼓励宝宝说一说。有时也可以

图书角

故意将故事情节漏说或说错，让宝宝发现并纠正。自制手指玩偶或道具表演有情节的故事片段，提高宝宝语言表现力。

推荐书目

《变色龙捉迷藏》

《大嗓门妈妈》

《方脸公公和圆脸婆婆》

《苏菲生气了》

《我的情绪小怪兽》

温馨提示

所有推荐的绘本，仅供妈妈们参考。

情绪情感发展建议

1.接纳宝宝的"不"

两岁宝宝自我意识初步萌芽，凡事都想独立自主，常把"不""我要"挂嘴边。进入人生"第一反抗期"的宝宝，情绪表现外露且不稳定，开心时积极热情，受到挫折就会发脾气或回避。家长应多关注宝宝的心理变化，对于宝宝的合理要求积极支持、满足；对于宝宝不恰当的要求，应采取先接纳后沟通的方式，如当宝宝说"不"时应以"好""行"回应，等待宝宝情绪稳定，再跟宝宝沟通并合理解决。家长积极稳定的态度是宝宝获得安全情绪的保障。

▶ **亲子沟通：表情娃娃**

家长抓拍几张宝宝"哭""笑""生气"的生活照片，让宝宝认识自己的情绪，并用语言表达感受。家长引导宝宝学会体谅别人的情绪——如别人"笑"时自己也会感到高兴；别人"哭"时应关心、宽慰；别人生气时不去打扰，平静能使人消气。

> **温馨提示**
>
> 当宝宝做出有安全隐患的动作，如爬高窗台、玩电线插头、拿药片或任性打人等时，家长应果断地说"不"，让宝宝知道什么是可以做的，什么是不可以做的。

2.创造交往机会，感受集体氛围

宝宝对外面世界充满期待和向往，家长应支持和关注宝宝的需求，为宝宝创设与外界沟通的机会。如经常带宝宝去小区花园、公园、游乐场、早教园，让宝宝加入到群体游戏中，感受集体氛围，创造交往机会。日常家长应给宝宝做出良好的示范，如热心助人、善于表达、积极沟通，潜移默化地促进宝宝交往经验的建立。

▶ **集体游戏：点豆花**

2～3组家长带宝宝们围坐圆圈，家长边有节奏地说儿歌，边用食指点宝宝的指

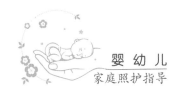
头。儿歌熟悉后，由一位家长带宝宝站在圈中做"点花人"，按顺序依次点大家的手心，当说到最后一句时，点到的人就要做相应的动作。多次游戏后，鼓励宝宝独自承担"点花人"，对宝宝的大胆表现及时表扬和鼓励。

 儿歌

点、点、点，

点豆花，点到谁，谁开花。（双手手掌在胸前合十、打开）

继续完成创编，可将"谁开花"替换成"谁跑开、学猫叫、小鱼游"等。

户外活动

3.学习社交方法，提升交往能力

两岁半之后，宝宝的个性特点、性格爱好明显地表现出来，宝宝乐意亲近小伙伴，并尝试通过交换食物、玩具，互相模仿对方的行为动作来取得认同。家长要支持和鼓励宝宝乐于交往的良好行为，利用生活场景及角色游戏学习简单的社交规则及技能，提高宝宝社会交往能力。

和小朋友一起做游戏

▶ **情景表演：大象请客**

学习使用礼貌用语：请进、请坐、请你玩、请你吃、再见。短语：欢迎来做客！

准备手指偶：小鸡、小鸭、小兔、小狗、小猫和大象。

实物：水杯、糖果。

温馨提示

　　宝宝戴大象指偶扮演一个角色，玩法熟悉后可与家长交换角色进行表演。

附：情景对话

今天，天气真好！我去大象家做客。

小鸡：大象，你好。

大象：小鸡，你好。请进，欢迎来做客！

大象：小鸡，请喝水，请吃水果。

小鸡：谢谢！

依次可进行其他角色的练习，有意识地引导宝宝进行语言交流，学会与朋友交往。

温馨提示

　　要重视孩子礼貌行为的养成。会使用礼貌用语，如问好、请、谢谢、再见等；懂得做客礼貌，如主动介绍、收到礼物表示感谢，不乱翻东西等。

4.利用宝宝的合作游戏，学习遵守规则

▶ 户外游戏：滑梯轮流玩

带宝宝去游乐场，利用场景告诉宝宝游戏规则。如玩滑梯，荡秋千，一次只能一个人玩，不推、不挤，排队并轮流玩。几个小伙伴同时看到一个玩具时，谁先拿到谁先玩，后来的要等待。学会用语言沟通自己的想法，如说：我跟你一起玩，好吗？我跟你交换玩具玩，行吗？

5.利用生日会，感受分享的快乐

宝宝生日会，家长提前为宝宝准备生日礼物，可为宝宝制作蛋糕，准备蜡烛，邀请好朋友前来参加。生日会中，大家围坐在宝宝周围，唱生日歌、吹蜡烛、送礼物、

吃蛋糕，使宝宝感受到分享的快乐。

　　宝宝刚开始不愿意分享时，家长应尊重宝宝"物品所有权"的心理需求，并支持对"专属物品"掌握主动权。随着宝宝和小朋友互动的增多，宝宝感受到分享的乐趣，自然学会分享、乐于分享。

认知发展建议

1.玩中学，充分感知体验

　　宝宝的认知能力在两岁后迅速发展，对新鲜事物充满好奇和探索欲，能认识三种颜色，感知大小、长短、远近、前后、白天晚上等相反词，能唱数1～10，根据自己的经验能分清家里的东西哪些能吃、哪些能穿、哪些能玩。家长利用生活中的随机教育引导宝宝多看、多听、多做，增强认知能力。

　　▶ **配对游戏：小动物的叫声**

　　玩法：将动物（小狗、小猫、小鸡）的叫声录音并逐一播放给宝宝听，宝宝说出动物名称并找出相应的图片配对。启发宝宝模仿小动物的叫声或走路姿势，家长说出动物名称并配对。

　　▶ **认知颜色**

　　将红色积木、红色袜子、红丝带、红色围巾等散放在宝宝视线范围内。取出准备好的红色标记纸，对红色进行认知。如说：这是红色纸。接着询问宝宝：红色纸在哪儿？用手指一指。宝宝指出后，再次确认宝宝是否记住，可问：这是什么颜色的纸？宝宝说出红色。为了加强认知，可让宝宝在周围找一找红颜色物品。

温馨提示

　　宝宝每找来一样物品，家长可拿出红色标记纸进行对照确认，如宝宝拿来其他颜色，家长暂时不予解答，可提示"这个不是红色，请你找红色的物品"。认识一种颜色后，再认第二种颜色。

▶ 说反话

玩法：家长和宝宝伸出手指、手臂、腿比一比，说一说谁长谁短；对照镜子比较眼睛、鼻子、嘴，说一说谁大谁小；握手腕，比一比，说一说谁的粗谁的细。家长可边做边启发宝宝"说反话"。

 儿歌

> 我的手指长（家长），我的手指短（宝宝）；
>
> 我的嘴巴大（家长），我的嘴巴小（宝宝）；
>
> 我的胳膊粗（家长），我的胳膊细（宝宝）；
>
> 我的个子高（家长），我的个子矮（宝宝）；
>
> 我向前面走（家长），我向后面走（宝宝）。

2.创设有准备环境，满足宝宝自我探索

2～3岁宝宝喜欢用"我会""我自己来"表达自己的独立意识，希望不受限制，按照自己的方式独自玩耍和探索。家长应支持宝宝的需求，观察宝宝的个性及兴趣爱好，提供丰富且有准备的环境，让宝宝在自主探索中获得经验和认知。

（1）提供独立环境。选择采光好、通风、安全的区域作为宝宝的专属游戏空间，放置符合宝宝高度的桌椅、书柜、玩具置物架、整理箱等方便宝宝使用的家具。

（2）提供玩具环境。准备操作性强、易于变化、功能性强的玩具及材料。如运动类：大小不同的球、汽车、摇摇马；建筑游戏类：木块、乐高积木；益智类：拼板、百变金塔、排序套碗、配对接龙、图形分类；角色扮演类：镜子、相册、布娃娃、纱巾、彩带、铃鼓等。游戏材料要定期更换、补充，保证足量。

（3）提供有序的环境。重视"物归原处"的养成教育。即让宝宝自由探索，又要

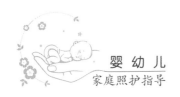
重视对环境的保护。游戏结束后将玩具分门别类地整理并放回指定位置，培养做事认真、有序的良好习惯。

3.亲近大自然的认知活动

宝宝对大自然中的事物充满探究的兴趣，能分清动物和植物，喜欢观察各种小昆虫，了解其不同特征和习性；知道冬天、夏天明显的变化，会观察晴、阴、风、雨、雪的天气情况，感受大自然的美。家长可定期带宝宝去公园、郊外、乡村走一走，接触沙石泥土、溪水，感受时间、节气、四季轮回变化，促进宝宝的认知发展。

感受大海、沙滩

▶ 手指游戏：我是一粒豆

春天里，和宝宝一起在泥土里播撒种子，通过每日的照顾和观察，记录种子的成长。寻找相关植物生长的图片和故事，了解植物的生长过程。

 儿歌：手指游戏

我是一粒豆（宝宝握拳头表示一粒豆）

种在泥土里（家长双手捧住宝宝的拳头）

刮风啦（一起身体左右摇摆）

下雨啦（一起抖动身体摆动）

太阳出来了（一起挺直身体）

种子发芽了（家长双手打开，宝宝张开五指）

长大了（宝宝举高手）

开花了（宝宝双手在胸前合十并打开）

结果了（宝宝手伸向家长，家长做摘果子状）

▶ **认知游戏：夏天魔术箱**

玩法：夏季到来，家长可将宝宝凉鞋、太阳帽、墨镜、雨伞、防晒霜、扇子等夏季常用物品放在一个有洞的纸箱中，亲子轮流摸一摸，说一说是什么，有什么用途。

> **温馨提示**
>
> 通过"摸箱子"游戏，延伸对夏季其他方面的认识，如夏天吃什么，穿什么衣服，去哪些好玩的地方避暑等，也可用此方式展开对其他季节的认识。

4.感知体验艺术活动

宝宝开始喜欢音乐，如果有家人陪伴，能完整地唱完几首歌。如果给宝宝听熟悉的音乐，宝宝会跟着轻快节奏又唱又蹦，自我陶醉。这个阶段，宝宝对音乐表现形式多样，如说唱、舞动、欣赏、玩乐器等。在美术方面，宝宝有自己的色彩偏好，对艺术的认知和表现逐渐显现，家长可带宝宝去自然环境汲取灵感，感受体验艺术活动，愉悦身心，带来审美快乐。

宝宝涂鸦

（1）玩色、涂鸦。宝宝对鲜艳的色彩感兴趣，家长准备材料、创设环境，让宝宝在与颜色互动中提高对色彩的感知力。环境创设中，可在家开辟空地或规定一定范围，准备调色盘、水粉颜料、油画棒、彩色水笔、排笔排刷、涂鸦围兜、清洁毛巾等材料。宝宝可在绘画纸或随手可得的废旧纸箱、报纸、包装纸上任意涂画，感受颜色的变化。

（2）歌曲欣赏《小星星》。晴朗的夜晚，带宝

汽车涂画

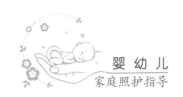
宝观看天空的星星，或准备手电筒，闪动灯光，让宝宝感受闪烁的小星星。播放儿歌《小星星》感受歌词与旋律的美。

 儿歌：小星星

一闪一闪亮晶晶，

满天都是小星星，

挂在天空放光明，

好像许多小眼睛。

温馨提示

　　在熟悉歌词及旋律的基础上，家长带领宝宝跟随音乐节奏模仿闪烁星星做身体摆动、手腕转动，感受音乐的美。

生活自理能力发展建议

1.自理能力练习

　　2～3岁宝宝主动性强，凡生活中的事情都要尝试做一做，正是培养宝宝自理能力，养成良好生活习惯的最佳时期。可以开始练习穿脱简单的衣服、鞋袜，独自上床睡觉；使用勺子、叉子、杯子；刷牙漱口、洗手、洗脸。初期家长应演示全过程，让宝宝看清楚动作要领，在练习时，给宝宝设置小步骤目标，预留宽裕的时间练习，循序渐进提高动作质量。

　　（1）宝宝独立进餐。

　　宝宝用勺技巧进一步提高。能一只手扶碗身，另一只手握勺（勺柄靠在拇指、食指之间的虎口处，拇指、食指、中指三指握紧）。当碗里食物不多时，

宝宝独立进餐

知道手扶碗边，使碗倾斜舀出食物。进餐时，给宝宝准备固定且高度合适的餐椅，可以和家人同桌用餐。用餐时，家长不做其他的事情，如不看电视、不看手机等，养成专心吃饭的习惯。

> 用餐时，家长为宝宝营造温馨、安静、愉快的进餐环境，不唠叨、不哄骗、不强迫宝宝，鼓励宝宝细嚼慢咽，养成吃完最后一口再离开餐桌的好习惯。

（2）捧杯用喝水。

教宝宝一手握住口杯手柄，一手捧住杯身，将杯口紧靠口唇处，双手捧起杯身，微抬下巴将水流缓慢送入口中，咽下一口再喝第二口。家长的给水量随着宝宝使用杯子的熟练程度逐渐增加。长期坚持使用水杯，宝宝就会逐渐掌握连续多口喝的技巧。

开始几次练习用口杯喝水时，家长要有耐心，可先帮助扶住杯子、控制水流量，再少量多次饮用（一口的量）练习，预防呛水、洒水。

（3）穿脱背心和短裤。

方法：穿背心时，识别背心前后，找到领口朝上摆放，双手伸入背心袖洞内，双手举起将领洞套在头上，用手帮助使衣服套过头穿上。

穿短裤时需先坐在椅子上，识别短裤的前后，双腿从松紧带处分别伸入裤洞，至双脚露出。站起身体，双手左右拉松紧带至腰部，调整中间裤缝与肚脐成一条直线。

夏季是训练宝宝自己穿脱衣服的最佳时机。除此之外，家长可为宝宝准备玩偶娃娃及各种款式的服装，在玩给娃娃穿衣的过程中习得穿脱衣服的经验。

2.参与家务劳动

两岁半之后的宝宝小手越来越能干，开始关注家庭事务。如看到家人忙碌地择菜做饭、洗衣服、打扫整理，宝宝也要跟着一起做。在适当的时候，家长可以给宝宝分配一些小任务，学习工具的使用，使宝宝成为家庭劳动小帮手。当宝宝完成较好时，

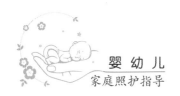

应鼓励宝宝的好行为。

（1）餐前餐后辅助劳动。

餐前，可让宝宝参与摆放餐具、发纸巾等用餐准备，期间给宝宝示范正确递交筷子、勺子的礼仪。餐后，提示宝宝将用过的纸巾、食物残渣等倒进垃圾桶。

（2）家务劳动。

根据宝宝的兴趣，给宝宝演示几种常用工具的使用方法。如喷壶的使用（双手握住喷壶扳手处，喷嘴朝向前，四指在前，喷嘴对准玻璃，按压扳手），宝宝学会后，给宝宝围上小围裙、戴上袖套，让宝宝练习给植物喷水。家长还可以给宝宝购买或自制专门

家务劳动

的劳动工具，如迷你小拖把、抹布、刷子、小水盆，便于宝宝练习。

（3）收纳整理。

2～3岁是培养秩序感的重要阶段，可让宝宝参与家庭清洁日，养成归纳整理习惯，培养条理性。宝宝的图书、玩具及日常用品应放置在固定位置，家长可购置玩具柜、收纳箱、篮子、书桌、书架分门别类摆放和收纳，宝宝使用后，提示宝宝送回原处。定期清理宝宝不用的物品，减轻环境负担。

二、2～3岁幼儿家长常见问题解答

1.如何帮助宝宝戒掉纸尿裤?

问: 我儿子快两岁了,每次大便都不肯用马桶,一定要穿着纸尿裤才肯拉臭臭。下半年就要上幼儿园了,这个样子让我该怎么办好?

答: 两岁的宝宝尿道括约肌和肛门括约肌基本发育成熟,对排泄有一定的把控能力,此时可逐渐停用纸尿裤。目前宝宝习惯了穿纸尿裤,戒掉是需要一个过程,家长不要急于求成,更不要采用强硬的手段让宝宝在便盆里拉粑粑。

家长可以借助绘本故事让宝宝理解便便的故事。如绘本《我不尿裤子了》讲述小男孩埃德加穿尿片—脱尿片—换小内裤—拉粑粑—尿裤子—学习尿尿的故事,从孩子视角解读如何管理自己的大小便。

由于家里卫生间的马桶比较高,宝宝很难能自主如厕,家长不妨给宝宝准备一个儿童专用的马桶,尝试用游戏的办法让他坐在上面,妈妈在旁边陪伴鼓励,免除宝宝的担心。还可以让宝宝看看同龄的小朋友是如何使用坐便器的,回家后让宝宝模仿,过不了多长时间,宝宝就会习惯新的如厕方式了。

2.宝宝经常便秘、大便困难怎么办?

问: 我家宝宝2岁了,经常便秘且大便困难,一大便就哭,拉不下来,怎么办呀?

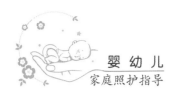

答：儿童便秘大多是因为肠道菌群失衡造成的。食物中含大量蛋白质，而碳水化物不足，会导致孩子肠道菌群继发性改变，肠内发酵过程少就容易造成孩子便秘。孩子便秘问题不可大意，因为儿童便秘会使体内毒素增多，引发肠胃功能紊乱、食欲不振、腹痛腹胀、口臭等，甚至发生肛裂、便血。这些都会使宝宝产生对大便的恐惧心理，时间久了，造成恶性循环。

要解决宝宝的便秘问题，家长首先要改变宝宝的饮食结构：在食材准备上多加讲究，少吃精米精面，多吃杂粮豆类，多吃纤维素多的食物；蔬菜可以吃白菜、油菜、菜花等；水果中李子、樱桃、桃、梨、杏、西梅以及带小籽的火龙果、草莓等有改善便秘的效果；保证液体（奶、水）的摄入量。如果宝宝排便实在困难，可以先喝一点益生菌调理，每天用右手摁在孩子肚脐眼上进行顺时针按摩。此外，也可以多带孩子活动，以帮助消化。

如果孩子便秘问题不能很快解决，须带孩子看医生，排除先天性疾病（如先天性巨结肠、先天性肌无力等）导致的便秘。

3.夜间哭闹怎么回事？

问：宝宝2岁半了，经常晚上睡得好好的就突然大哭起来，怎么哄也哄不住，请问这是怎么回事？应该怎么办？

答：儿童不明原因的哭闹，原因是多方面的：一是缺微量元素，如缺钙可引起大脑及植物性神经兴奋性增强，导致宝宝夜惊、夜醒、夜汗、夜间睡不安稳；二是周围环境变化，温度、湿度不适，空气新鲜度不佳等也是造成宝宝夜间哭闹的原因；三是宝宝自身原因，有饥、饱、渴、尿等情况时会表现得不安宁，如积食、消化不良、上火或者晚上吃得太饱等。

处理办法：

（1）给宝宝补钙和维生素D，并多晒太阳。每日补钙 300～500毫克，每日补维生素D 400～800IU；缺乏维生素B1也会致夜啼，可以咨询医师给宝宝口服维生素B1。

（2）睡眠规律，按时上床。睡前不要玩得太兴奋，在宝宝入睡前0.5～1小时，应让宝宝安静下来，不做刺激兴奋的活动，坚持完成固定的入睡程序，如洗漱—更换睡衣—如厕—聆听睡前故事—上床—关灯—安静入睡。给宝宝创造一个良好的睡眠环境：室温适宜，安静，光线较暗；盖被要轻、软、干燥。

（3）积食、消化不良、上火等也会导致睡眠不安，建议在临睡前2～3小时尽量少进食，避免因胃部不适引起宝宝入睡不安。

4.为什么宝宝总喜欢走路沿？

问：宝宝2岁半了，每次走在路上总喜欢走路沿，都摔了好几次了也不改，怎么办？

答：2～3岁的宝宝，走的动作日渐灵活，宝宝喜欢甩着手，这个年龄段的宝宝喜欢探索各种走的方式，除了平坦的大路，还会喜欢在各种路面上走，如坡路、坑洼不平的路、台阶、路沿等。家长不妨让宝宝挑战一下，这样，既满足了宝宝的好奇心，又能让宝宝感知空间高度变化，提高宝宝的身体的协调性。除此，家长还可以这样做：

（1）玩球：家长可为宝宝准备大大小小各式的球，选择户外空旷的场地让宝宝踢球、追球，提高腿部力量及身体灵活性。

（2）拉小车：给宝宝准备玩具小车，结合宝宝的各种球，跟宝宝设计好玩的小车运球游戏，通过推车走、拉车跑提高腿部控制力。

（3）走路沿：在户外散步时，宝宝喜欢走在路沿上，家长应耐心陪伴，促进宝宝身体平衡力的发展。特别提示宝宝腿部力量有限，脚掌缺乏应有的弹性，专注时间短，因此，户外散步时间不宜过长。

5.宝宝晕车怎么缓解？

问：我家宝宝每次坐车都晕车，吐得很厉害，如何缓解呢？

答：晕车是一种常见现象。内耳前庭平衡神经对振动过于敏感就会造成晕车。由于宝宝的前庭功能正处于发育阶段，如果汽车行驶中车窗密闭、颠簸，宝宝自身体质状态不佳，以及在车中视觉变化都会引起宝宝前庭器官的兴奋性增强，引起晕车。不过，随着宝宝逐渐长大，其前庭功能逐步完善，晕车的症状就会逐渐减轻至消失。

（1）训练宝宝对振动的适应能力：参加户外锻炼，如荡秋千、坐旋转木马等。

（2）乘车前1小时内让宝宝禁食，乘车前半小时服用晕车药可以缓解晕车。

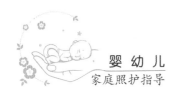

（3）在乘车时让宝宝的心情保持愉悦，做宝宝感兴趣的活动，分散宝宝注意力。

（4）选择座位时让宝宝坐在车的中心部位，乘坐方向同车辆行驶的方向保持一致。

6.如何合理安排宝宝的一日生活？

问： 我家宝宝2岁半了，日常生活中应该给宝宝安排哪些有价值的教育活动？

答： 宝宝上幼儿园前，以家庭活动为主，父母和家人就是孩子最好的玩伴，每一天的生活内容都是实施教育的良好契机，可依据宝宝一日作息时间，为其安排动静交替、丰富精彩的生活内容。

（1）用餐礼仪：重视一日三餐两点的营养配比，定时给宝宝补充营养丰富的食物，注重宝宝自主进餐及用餐礼仪教育。

（2）照顾环境：带领宝宝参与简单的日常生活劳动，做力所能及的事情，学习解决简单的问题，如扫地、擦桌子、整理玩具、烹饪、收放鞋子、挂衣服、照顾植物及小动物。

（3）照顾自己：在家长的辅助下，逐渐养成良好的生活习惯，如睡觉、起床、穿脱衣裤、如厕等。

（4）亲子时光：为宝宝创设游戏环境，如亲子阅读、涂鸦活动、运动游戏。除此之外，适度留出宝宝自由玩耍的空间和时间。

（5）社交活动：定期邀约宝宝和小伙伴结伴玩耍，促进宝宝社会性发展。

7.如何引导宝宝玩水？

问： 宝宝对水特别感兴趣，每次玩得停不下来，如何引导2岁多的宝宝玩水？

答： 喜欢玩水是宝宝的天性，宝宝在玩水中感知水的温度、流动轨迹，观察水花溅起的神奇触感，从而习得一定的生活经验，家长要善于利用有利环境来充分满足宝宝的求知欲。

（1）劳动中的玩水：父母洗衣服时，不妨给宝宝准备小盆水、袜子、搓衣板、肥皂及一些小件衣物，让宝宝在搓、洗中感受乐趣，满足其玩水的愿望。

（2）特设玩水区域：2岁多的宝宝已经能遵守一些规则了，家长要给宝宝明确哪些是生活用水，哪些是专门玩耍的，给宝宝指定玩水范围，规定时间，提供工具，玩水后引导宝宝进行整理。

（3）多种形式的玩水：夏季可带宝宝去海边、儿童戏水池，雨天穿上雨衣、雨鞋尽情踩雨，从而激发宝宝的想象力，享受大自然的恩惠。

8.如何对待说话结巴的宝宝？

问：宝宝最近说话总是"我、我、我"的结巴，有什么好的办法纠正吗？

答：家长提到的"宝宝说话有些结巴"，也叫"语言节律障碍"。这是宝宝语言发展时期，头脑搜索语汇时出现的语言暂时中断，是思维和语言不能同步协调的结果。在2～3岁幼儿学习语言阶段容易出现，随着宝宝的成长，这种现象会逐渐消失。目前，以下方法可帮助宝宝纠正结巴的语言模式。

（1）多听节奏舒缓的儿童歌曲：音乐中优美的旋律有助于宝宝放松，可以陪着宝宝一起哼唱，在节律中体验流畅的语言。

（2）创设宽松温馨的交流氛围：紧张的心理会加剧宝宝的言语阻滞，家长不需要刻意纠正，更不可取笑、模仿宝宝说话，以免宝宝感到紧张，加剧口吃现象。

（3）邀请宝宝与同伴参加户外活动：玩耍会让宝宝放松心情，有利于轻松表达。

（4）与孩子交流放慢语速：孩子急于表达容易造成讲话磕绊，在缓慢的语速中更容易思考和组织语言。

9.如何帮助宝宝练习口语？

问：宝宝3岁了，说话口齿还是很含糊不清，不知道是什么原因。如何帮助宝宝练习口语？

答：宝宝口齿不清有多种原因，如生理性口语发音较晚；喂养过于细软精细，缺乏咀嚼，导致口腔上下颌骨咬合及舌头锻炼不足；还有在口语模仿期，宝宝模仿了不正确的发音等因素。排除以上原因，还要考虑是否是病理因素，应及时去口腔医院检查、诊断，听从医生的治疗建议。

要提高宝宝的口语发音能力，应注意以下几点：

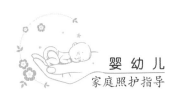

（1）重视口语积累：2岁后是宝宝语言爆发期，这个阶段，宝宝开始喜欢说话，并能说3~5个词的简单句。家长可带宝宝看绘本、念儿歌、读古诗、唱歌谣，吸收丰富的词汇和句子，当宝宝表达不准确或者口齿不清时，家长应示范正确方法，对个别咬字不清的应放慢速度，逐字示范。

（2）日常对话：及时和宝宝就正在发生的事情进行追问和词汇拓展，如跟宝宝玩过家家的游戏时，问问娃娃吃什么饭、去哪里玩，还可以让宝宝学说自己和父母的名字、家庭住址等，寻找一些宝宝感兴趣的话题，让宝宝愿意说，有话可说。

10.宝宝在家和在外表现两个样怎么办？

问：宝宝在家活泼得像个猴子，在外面却成了"闷葫芦"，完全是两个样子，怎么办？

答：很多家长都会说，我家宝宝在家表现得大胆，在外面却成了"闷葫芦"。这其实与宝宝的性格、对环境的适应能力以及成人的养护方式都有关系。为了让宝宝家外一致，家长可以这样做：

（1）扩大宝宝社交圈：宝宝在家的社交圈有爸爸妈妈、爷爷奶奶，而面对外界新面孔、新朋友，会下意识地先将自己真实的一面"收"起来，表现出胆小、害羞或不自信等特点。家长应多给宝宝创造更多与外界接触的机会，如向身边的朋友介绍宝宝，引导宝宝打招呼，当宝宝配合时，夸奖宝宝，让宝宝获得足够的信心和经验，建立与外界互动的勇气。

（2）避免溺爱：过度"溺爱"也会造成宝宝家里外面两个样的情况。如果在家里好吃的、好玩的都先满足宝宝，宝宝就体会不到通过努力获得的心理感受；当在外界遇到不合心意的事情时，也会因缺乏勇气而发挥失常。因此，在家庭中给宝宝创造锻炼机会，比如参与家务劳动、家庭讨论，尝试让宝宝做主，培养其责任心。

11.如何帮助宝宝建立交往规则？

问：宝宝经常和小伙伴发生冲突，怎么对待宝宝之间的争抢？如何帮助宝宝建立同伴之间的交往规则？

答：宝宝与小伙伴的交往是除亲子关系以外最重要的关系了。2岁之后，宝宝从平行游戏向合作性游戏过渡，此时，宝宝渴望和同伴一起玩，尤其喜欢和小伙伴摆弄同样的玩具，由于缺乏交往经验，有时玩耍不能继续进行，进而发生相互间的争抢。家长们看到宝宝之间争抢不免担心，其实，这个信号已告诉家长，宝宝有了加入集体的意识，家长们应注意以下几点：

（1）建立轮流的交往规则：宝宝在与小伙伴一起游戏时，可建立轮流玩的规则，也就是一个宝宝玩完才能轮到下一个宝宝玩，如果大家同时看到一个玩具，则是谁先拿到谁先玩。家长要告诉宝宝轮流与等待是对每一个人公平的规则，人人需要遵守，家长也要身体力行地给宝宝做出榜样。

（2）家长延迟"劝架"：即使宝宝知道了规则，但是遇到实际情况时还会争抢，此刻，双方家长先不着急"劝架"，可以站在旁边保护并观察宝宝的行为，给宝宝试着自己解决的机会，如果解决不了家长再介入其中。

（3）示范交往技巧：在宝宝发生冲突，相互僵持不下时，家长可引导宝宝用礼貌用语与伙伴沟通，如"谢谢""对不起""我们一起玩可以吗？"同时，保持好心态，"吃亏心"要不得，如看到自己孩子抢不过别的小孩时，就去指责自己孩子，或抱怨别人家长不管孩子等，这样只会给宝宝人际交往造成不良示范。

12.如何应对宝宝的无理取闹？

问：宝宝不开心就发脾气、撒泼打滚，各种无理取闹，如何处理宝宝这种无理取闹的现象？

答：宝宝所谓的"无理取闹"其实是有理由的，在宝宝发脾气、撒泼打滚的背后也许是需求没有得到满足，可能是小朋友之间的冲突和委屈无从诉说，也可能是饿了、困了……家长应了解宝宝发脾气的原因，再对症下药，帮助宝宝平复情绪。

家长可参考如下建议：

（1）允许宝宝发脾气。宝宝情绪有波动时，家长首先要稳定情绪，将宝宝带到一个安静的地方，不做过多说教，陪在宝宝身边，允许宝宝发泄情绪，等待其心情好转。此时，要关心宝宝的身体，给宝宝洗脸、喂水，让宝宝感受到你的关心，等待宝

宝情绪平复以后再沟通。

（2）有话好好说。对于宝宝的"无理取闹"，引导宝宝用语言表达出自己的想法，学会与家人商量。在宝宝表达习惯有所改进时，家长适时满足以强化宝宝的好行为。

（3）寻找相关的绘本进行阅读，让宝宝学会表达情感。宝宝心情好时，和宝宝谈论情绪问题，并利用绘本图书，如《我好生气》《生气汤》《我要发脾气》等，讲述故事中人物生气时的心理状态以及处理方式，让宝宝学会认识和控制自己情绪。

13.如何帮助宝宝建立自信心？

问：如何消除宝宝的胆怯心理，建立宝宝自信心？

答：有些宝宝在见到生人或忽然见到熟人时会表现出情绪紧张，如捂脸、吐舌、躲藏害羞等，这是宝宝适应性和信心不足的表现，家长要善于引导，促进宝宝社会适应能力的健康发展。

（1）创造与外界互动的机会：家长经常带宝宝参与社交活动，如去游乐场、早教园、小区院落寻找小朋友玩耍，起初宝宝不愿意参与，家长不强迫并陪伴在身边，让宝宝熟悉周围环境，去除陌生感。

（2）身教重于言传：家长给宝宝做出榜样，路遇熟人首先热情招呼，也可代替宝宝问好，如按照宝宝的口吻跟熟人摇手打招呼，说"阿姨好""叔叔好""谢谢""再见"，多次重复示范正确的礼貌用语。

（3）鼓励好行为：家长在宝宝面前重复礼貌行为，会使宝宝在心情舒畅时自然流露。当宝宝对周围人示好时，家长要鼓励宝宝的好行为，如对宝宝说："宝宝见到邻居奶奶会问好了，宝宝真是个有礼貌的孩子。"宝宝听到赞扬声会进一步强化好行为，自信心也会逐渐增强。

14.宝宝不让其他小朋友碰他的玩具，怎么办？

问：每次邀请小伙伴来家里玩时，宝宝总不让小朋友碰他的玩具，一碰就哭闹或者生气，该如何引导他学会分享？

答：在成人的世界里，慷慨大方的男孩子才更有男子气度，其实无论是男孩还是女孩，都要培养友善大气、喜欢分享的美德。不愿意把自己的玩具分享给伙伴，甚至吝啬得连碰都不能碰一下，这个独享的行为是宝宝成长过程中的正常表现。随着宝宝年龄的增长，家长应给予适当的引导，使其逐渐理解分享的意义。家长平时可利用生活情境让宝宝多体验和练习。

（1）分享食物：宝宝聚会离不开吃吃喝喝，家长可多带宝宝参与伙伴之间的聚餐活动。每次家长可多准备几份，分享时让宝宝先挑出自己的一份，再鼓励把其余的分给其他宝宝。多次练习，宝宝就会有一定的交往经验，对于宝宝的进步家长要给予积极回应。

（2）分享玩具：经常邀约小伙伴来家里玩耍，之前应尊重宝宝的意愿，跟宝宝商量哪些玩具是愿意和伙伴分享的，挑选出来放在公共区域，不愿意分享的可暂时给宝宝收起来。当玩具的主权握交于宝宝手中时，宝宝自然少了戒备心，紧张情绪就会放松下来。

（3）循序渐进：宝宝的分享与其喜欢的人有很大关系，如喜欢分享给比他大的姐姐哥哥，不喜欢分享给自己的同龄伙伴；有时也与宝宝的心情有关系，如宝宝已经答应了分享，但又会反悔。遇到因宝宝心理发展水平有限而出现的各种状态时，家长不逗引、不逼迫，坚持自己一贯的分享理念，宝宝就会变得大方。

15.怎样帮助宝宝区分现实情境和电视情境？

问：宝宝看了动画片或者电视剧后，经常模仿电视中的情境打人，怎么办？

答：两岁多的宝宝有时候会把生活中的场景迁移到游戏中，如看到电视里武打的镜头就会联想自己是个侠客，对家人或者小伙伴们出手，自己玩得高兴，却容易忽视他人的感受。我们不能教宝宝用打回去的方法反击别人，也不用大声呵斥吓唬宝宝去强迫改正，要利用生活的事件，逐渐修正宝宝的习惯，培养宝宝理解他人、关心他人的品质。

（1）情景讲述，激发同情心。家长给宝宝讲故事时，如讲到小兔摔跤了，疼得哭了起来，妈妈就停下来问：宝宝有没有摔过跤？有什么感觉？帮助宝宝回想摔跤时疼痛的感觉，理解他人受到伤害，从而表示同情；也可以通过共同照顾宠物或者玩娃娃

家游戏，让宝宝学习如何照顾他人。

（2）辨是非，定规则。明确打人是不好的行为，很危险，也会伤害朋友，并利用生活中的实例对宝宝进行教育。哪些东西可以拿来玩耍？如靠垫、充气棒。哪些东西不可以玩耍？如棍子、刀剪。哪些动作是对别人有伤害的？如打人、掐人、抓人。通过制定规则，让宝宝逐渐理解并掌握交往规则。

（3）有选择地观看电视节目。宝宝正处于模仿学习阶段，家长给宝宝选择电视节目需讲究，避开有暴力、武打情节的电视节目，如发现宝宝有打人行为，家长反思宝宝行为背后的原因，更换环境、转移注意力，只要重视对宝宝进行行为管理，过一段时间宝宝自然就会好转。

16.宝宝沉溺于电视之中该怎么引导？

问：宝宝自从看电视后，就沉溺其中，有时候吃饭也要看，不让看就发脾气，怎么办？

答：这个年龄正处在宝宝第二个反抗期中，宝宝经常表现得以自我为中心，不达目的不罢休。如打扰了宝宝感兴趣的活动，就会招致宝宝不满。这时可以尝试这样和宝宝沟通：

（1）提前协商。宝宝看电视前跟宝宝商量何时要关电视，如：妈妈做好饭提醒你的时候就关电视，看完几集就关电视，定时器铃声响起就关电视，等等。一旦约定好就要说到做到，双方都必须诚信遵守。

（2）转移注意力。孩子毕竟年龄小、自控力差，有时承诺过的也可能会反悔。家长应用宝宝喜爱的活动吸引宝宝，转移对电视的依赖。如说：小胖有没有玩滑滑梯，我们出门去找他。引导宝宝去做感兴趣的事情，身体力行地带领宝宝去做更有意义的活动。如宝宝很执拗，家长要耐心处理宝宝的情绪问题，坚持自己的原则，让宝宝逐渐养成说到做到、遵守规则的好习惯。

17.如何纠正宝宝爱磨蹭、动作慢的习惯？

问：我家宝宝快3岁了，干什么事都磨蹭，很担心他难以适应马上到来的幼儿园生活。

答：对于急性子的家长，宝宝做的每一件事都像是故意消磨成人的性子，而对于慢性子的家长则对这种行为不会有太大的反应。因此家长要在生活中观察，找准"磨蹭、动作慢"的原因，再进行引导教育。

（1）闹情绪。因闹情绪而故意不配合时，家长要先疏通宝宝的情绪再要求做事情。

（2）过于专注。宝宝专心做自己的事情时，特别不愿意被打扰，甚至会听不见家长的催促。所以，因宝宝专注而动作缓慢时，家长应理解宝宝，耐心等候片刻。

（3）动手做事。3岁前是宝宝自理能力初步建立的关键时期，为了配合宝宝学习和掌握自理能力，应通过不断的重复练习，让宝宝熟练掌握这些技能，如学穿衣穿裤、独立吃饭、如厕、洗手、整理玩具，鼓励宝宝多加练习，得心应手了自然动作就会利落顺畅。

18.怎样培养宝宝独睡？

问：宝宝不能独立入睡，有时候需要摸着妈妈的肚子才能入睡怎么办？

答：从宝宝要求摸着妈妈的肚子才能睡觉的情景看，宝宝一定是由妈妈亲手养育大的，宝宝和妈妈已经建立了很深的感情，上床睡觉已经成了亲子交流的温馨时刻。如果妈妈觉得到了一定时机，可以开始锻炼宝宝独自入睡。

（1）准备阶段：邀请宝宝一起准备床铺用品，包括一个可爱的陪睡娃娃或玩具。

（2）分床阶段：入睡前妈妈要陪在宝宝床边，直到宝宝睡着再离开。清晨宝宝第一眼应该看到妈妈。

（3）分房阶段：宝宝愿意睡在自己房间，像妈妈一样陪伴着玩偶一起睡觉。

（4）循序渐进：如果宝宝暂时不能离开妈妈，也不能勉强宝宝必须一个人睡，以免让宝宝产生心理压力。可将宝宝床摆在离妈妈最近的位置，一起听轻音乐、说悄悄话、牵拉小手等，让宝宝放松心情，再循序渐进适应自己独睡。

19.怎样和宝宝玩游戏？

问:我对宝宝玩游戏这方面比较迷茫，如何才能更好地和宝宝玩游戏？

答：（1）尊重宝宝的年龄特点。2～3岁宝宝以自主游戏为主，喜欢按照自己的心

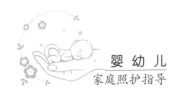

意任意玩，喜欢不断重复一个动作玩，如玩积木时，搭建一会儿就开始"搞破坏"，用嘴咬一咬，拿起来扔一扔。在成人看来"不爱惜、捣乱"的行为其实是宝宝探索和构建对积木的认识阶段，相信家长多用自己的好行为做榜样，轻拿轻放，设计好玩的情景，把宝宝的注意力吸引到游戏中，渐渐地对互动游戏产生兴趣，宝宝也会加入家长的游戏中。

（2）发现宝宝的兴趣点。陪伴是与宝宝建立玩伴关系的重要环节，每天应抽出一定的时间陪孩子玩耍，在深度互动中，宝宝才会敞开心扉，把真实的一面展示出来，此刻宝宝更容易配合进入需要体验的游戏中。

（3）分清游戏主配角。作为游戏的配角，家长如果过于主动，总是希望宝宝按照自己思路想法去玩，宝宝必然受挫。家长应认清自己"玩伴"的角色，如玩搭积木，家长先作为旁观者观察宝宝在玩什么、怎么玩的，再适时加入宝宝的游戏中。

20.宝宝喜欢挑衣服穿怎么办？

问：我家是个女宝宝，总喜欢按自己的意愿挑衣服穿，不让挑就在家哭闹怎么办？

答：爱美是人的天性，女孩子爱打扮代表着她们性别认同的开始。性别认同是心理发展的重要阶段，标志着对自己性别的认同和接纳。面对爱挑拣衣服的宝宝，家长要学会欣赏宝宝的成长，维护宝宝的审美热情，肯定她爱美的积极性。

（1）带宝宝参与艺术活动。常带宝宝去艺术展厅、音乐会、博物馆等地走一走、看一看，感受艺术魅力，从小建立审美情趣。

（2）给孩子选择的空间。晚上睡前跟宝宝讨论第二天天气情况（查看天气预报），并一起准备衣服。可将不合时节的衣服定期整理存放，给宝宝留出有限的挑选空间，宝宝挑选时，适时给宝宝一些搭配建议。

（3）游戏装扮。可以通过日常生活进行角色装扮。如跟妈妈玩模特表演游戏，一起玩涂指甲、抹口红、戴耳环、项链、试穿妈妈高跟鞋、试穿各种服装，帮助宝宝学习搭配，满足宝宝的心理需求。

三、案例分析

案例1.姐姐的小跟班

问：我家二宝喜欢跟大他3岁的姐姐玩，但宝宝没有好坏概念，有时候姐姐做了不好的事情宝宝也有样学样，这样下去对二宝的成长有影响吗？

【分析】

家里大宝和小宝之间的关系属于同伴关系，同伴是儿童特殊的参照对象，彼此在交流的过程中分享自己的经验，得到情感的支持。良好的同伴关系在儿童成长中具有独特的价值和意义。第一，能帮助儿童获得较强的社会技能；第二，能满足儿童归属和爱的需要以及尊重的需要；第三，能为儿童提供学习他人的机会，促进个体认知能力的发展。相较于独生子女家庭，二孩家庭环境对孩子们的成长要有利得多，宝宝喜欢和姐姐玩是很正常的，这个时候只要调动好姐姐的榜样作用，就能达到"一举两得"的效果。

【对策】

核心原则就是正面引导，鼓励姐姐成为二宝的学习榜样。因为，姐姐也只有5岁，并没有十分明确的是非观念，这个时候家长对姐姐的引导作用就显得非常重要，要让姐姐明白哪些是好的、哪些是不好的，再加以引导改正，让姐姐生成一种"大带小"

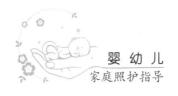

的责任心和荣誉感。

这样，通过姐姐的示范作用，带动二宝的发育发展。比如，姐姐在幼儿园里学到的日常生活规范——喝水、如厕、收拾饭碗、穿脱衣服等良好的行为习惯，可以让姐姐示范教给二宝；姐姐学会的各种游戏，可以带着二宝一起玩；姐姐带着二宝一起看绘本，给二宝讲绘本中的故事；画画、唱歌的时候要带着二宝一起参与，即便二宝在涂鸦捣乱、五音不全，也要引导姐姐不能嫌弃不理……对于姐姐每次的努力，家长都要及时夸赞，使得姐姐有动力坚持下去。

其实，在这个"大带小"的过程中，当姐姐给二宝讲绘本故事时，她必须先在自己的脑海中重新编排语言，然后用二宝能听懂的方式传授给他，这对促进孩子们的认知发展与思维发展有很大帮助；姐姐和二宝互动沟通，不仅使二宝在同伴关系中习得了各种能力，姐姐也树立了关心幼小的意识，养成与人友好相处的好习惯。

案例2. "小怪兽"琪琪

琪琪是个男孩子，性格内向，行为出格，越是不让做的事越是乐在其中，如撒完尿了就偷着喝尿、用尿洗头，吃饭不让玩玩具就耍赖不吃，遇到不满意的事就抹眼泪……这些行为让我们很是迷惑，不知道该放手等他自己去判断对错，还是采取限制措施强制改正。

【分析】

孩子成长的过程中有三个叛逆期，其中第一个叛逆期就是在2～4岁。显然，琪琪"越是不让做的事越是乐在其中"的表现，说明他正处在幼儿的"叛逆期"。幼儿期的叛逆是由孩子的表达能力、单向思维和游戏心理共同刺激产生的。这个时期的孩子有了更多属于自己的想法，但语言表达能力的欠缺会让孩子更加情绪化，加之孩子此时更倾向于单向思维，想到的事一定要完成，也就是表现出的执拗行为。同时，这个时期的孩子获得新知识的途径就是尝试新奇、刺激的事物，独立与探索的愿望强于服从的意愿，像琪琪偷偷喝尿、用尿洗头等在大人看来出乎意料的行为，对他而言只是对未知世界的正常探索而已。他的想法可能是认为尿和水都是液体，既然水能喝、能用来洗脸洗头，那尿也应该能喝、能洗头吧，所以他就要尝试一下。

【对策】

作为家长，应该充分理解孩子要自己尝试、独立表现的要求，对琪琪的这种行为一定不要呵斥、责罚，如果大人不分青红皂白地制止他们的行为，孩子就会表现出对成人的不满意甚至反抗，大人便认为孩子"不讲道理""不听话"等，其实是冤枉了孩子。家长应该鼓励琪琪的探索行为，孩子的要求得到满足后，叛逆行为自然就减少了。当然，因为幼儿期的孩子还不能分辨什么是危险的事情，更不知道如何保护自己的安全，所以，家长应该告诉孩子正确的知识，比如，尿液里有体内废弃代谢物，和喝的水是不一样的，喝了对身体不好等。当孩子的意见和我们的意见相矛盾时，可以转移他们的注意力，用别的事物把孩子吸引开，待问题解决后，再找适当的时机进行说理教育。比如，孩子看见地板上有一摊水，就会在水里踩踏，弄得裤子、沙发、墙壁上都是水，这个时候如果把他拉开不让他玩，他肯定哭闹着不依。如果我们在卫生间浴缸里放些水，拿出玩具花洒、小水盆、小杯子等让孩子自己玩耍，孩子马上就会高兴地玩起来。这样不仅避免了一场风波，而且孩子通过玩水，既了解了水的特性，又通过动手玩耍锻炼了身体，开发了智力。

由此可见，理解、尊重、暂时满足幼儿的意愿或不合常理的行为，不失为一种有效的迂回教育手段。当然，适当满足孩子的要求要把握好"度"，不能一味地迁就，否则对孩子的身心发展会产生不利影响。

案例3.我又尿裤子了

丫丫是个2岁8个月的女宝宝，从小就乖巧可爱。可自从夏天脱掉尿不湿后，特别

容易尿裤子，尽管总是提醒，她还是尿湿，一上午就要给她换3~4条裤子，眼看就要上幼儿园了，很担心丫丫的自理问题。

【分析】

尿床、尿裤子是每个人在婴幼儿时期都会有的现象。丫丫不到3岁，神经系统发育尚未成熟，加之以前一直用尿不湿，现在不用了，宝宝身体一时还没有建立起控制尿道括约肌的排尿反应，所以经常尿湿裤子。出现这种情况是正常的，不用担心，但应适时进行如厕训练。

【对策】

如厕训练何时开始？怎么做呢？

一般来说，给宝宝进行如厕训练的合适时间是在18~36个月，最有效的方法是看宝宝有没有以下5个信号：第一，排便的时间有规律，白天至少保持2个小时不大小便，睡觉醒来时尿布也没有湿；第二，独立意识开始出现，喜欢自己的事情自己做；第三，表现出对马桶的兴趣，会跟着大人一起进卫生间或者想要给马桶冲水；第四，当孩子想大小便时会告诉大人，或者从其面部表情中能看出想上厕所的信号；第五，不喜欢用尿不湿，常常想拉开脱掉。

如果宝宝有上述大部分表现，说明对其进行如厕训练的时机已经成熟。

选择在夏季进行如厕训练比较好，因为夏季衣物轻薄，容易脱穿和清洗。

需要注意的是，排便训练是需要一个较长过程，女孩子约在2岁半，男孩子约在3岁，在训练排便时不要操之过急，需耐心引导。

准备用品：

（1）便盆。可以带着宝宝一起挑选一个安全舒适、颜色花式简单的便盆。

（2）内裤。选择几条宝宝喜欢的卡通人物小内裤，不仅让孩子感觉自己长大了，而且也为了不弄脏可爱的小内裤而更加用心。

（3）易穿脱的宽松衣物。方便宝宝在如厕时自己穿脱裤子，更快更好地配合如厕训练。

训练内容：

（1）提前观摩。爸爸和哥哥带着男宝上厕所，妈妈和姐姐则带着女宝上厕所。家长边做边解释，让宝宝观察爸爸妈妈或哥哥姐姐如何使用坐便器和脱穿裤子。

（2）注意宝宝的微表情。每个宝宝都有自己"专属"的上厕所信号，比如，宝宝玩着玩着突然脸憋红、抖腿或攥拳头，一旦发现这些信号就赶紧带宝宝去厕所。

（3）固定步骤。每次都重复同样的步骤，宝宝很快就能记住：脱裤子→坐便→擦净→穿衣→洗手。

（4）练习擦拭。逐渐教宝宝学擦屁股，要从前往后擦，以防尿路感染（特别是大便后），便后养成洗手的好习惯。

（5）男女宝宝区别对待。男宝宝如厕先学坐便，等宝宝完全掌握坐着大小便以后，再由爸爸教宝宝站着小便；女宝宝如厕训练从模仿妈妈开始。

方法技巧：

家长可以巧妙地用绘本故事进行亲子共读，比如《是谁嗯嗯在我的头上》《马桶的故事》《小熊宝宝》等，让宝宝对上厕所这件事保持愉悦的态度。另外，如厕训练持续的时间比较长，爸爸妈妈要有耐心，每次都帮助和鼓励宝宝，直到如厕训练大功告成。

案例4.他为什么和我不一样

小宝3岁了。有一天他从幼儿园回来，跟我说："妈妈，甜甜跟我不一样。"我问怎么不一样，小宝指着自己说："我有小鸡鸡，她没有！"奶奶在旁边笑着说："你羞不羞呀，别胡说！"我该怎么回答儿子的问题呢？

【分析】

一般到2岁左右 "性别意识"开始在宝宝心中萌芽，宝宝开始分辨自己是一个男

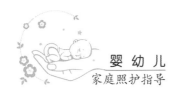

孩还是女孩。开始观察爸爸、妈妈，从中获得与性别相关的兴趣爱好、行为方式等，并常常模仿与自我形象相一致的特征，比如，女孩子会偷偷地穿妈妈的高跟鞋，男孩子会摆弄爸爸的剃须刀等。从你描述的情况来看，3岁的小宝已经意识到男女有别，对"性"产生好奇心了。这个关键的时候，千万不能认为这是羞于启齿的事情，而是要帮助孩子对性别有清楚、正确的认识。性教育是一种终身教育，它有两个重要阶段，一个关键期是2～3岁的幼儿时期，另一个关键期是青春期。让宝宝从小意识到男女有别，对自己的性别有个正确的认识，并非小题大做，这对于宝宝今后形成健康的人格、正常的性取向非常重要。

【对策】

为避免孩子性格发展出现偏差，最好从3岁前就培养孩子的性别意识。父母可以结合宝宝的日常生活，从服饰、玩具的选择、游戏方式等方面入手，对宝宝进行培养。

第一，穿衣打扮有别。想要让宝宝意识到自己的性别，最直观的方法就是从宝宝的穿衣打扮入手。如果是女宝宝，那么家长就可以多给她准备一些粉色、红色的漂亮裙子；如果是男宝宝，可以选择蓝色、灰色的衣服。在英国、美国等西方国家，新生儿的襁褓颜色就昭示了宝宝是男是女——男孩用蓝色毯子，女孩用粉色毯子。从婴幼儿时期就给孩子灌输性别意识，出生开始就穿某种颜色的衣服，就能让他们意识到"这种颜色属于我""穿这种颜色衣服的小朋友和我是一样的"。

第二，玩具玩偶的风格不同。家长可以从男女宝宝玩具的风格差异化入手，男宝宝家长可以多准备一些机械类的玩具，如汽车、手枪、变形金刚等，塑造他们爱冒险、爱运动的坚毅性格；女宝宝家长则可以多准备一些家庭类玩具，如娃娃、厨具、医疗器械等，以激发她们善良体贴、耐心细致的性格。

第三，家庭中进行性启蒙教育。德国教育心理学专家基尼认为：让爸爸带儿子洗澡，妈妈带女儿洗澡，让孩子从小就知道，男孩的身体跟爸爸一样，女孩跟妈妈一样。这是孩子最早了解人体和性别的启蒙教育，同时告诉宝宝，小背心、小裤衩遮住的地方不能让其他人触碰。

第四，家长要让宝宝了解他是如何来到这个世界上的。陪宝宝观看生命起源类的视频，或者给宝宝买几本讲述两性知识的绘本，千万不要用"你是垃圾桶里捡来的"这种荒谬之言来糊弄宝宝。

第五，有针对性地开展运动。男孩子多从事爬山、游泳、足球、篮球等运动，这些运动能培养男孩坚强和不惧挑战的性格；女孩子可以培养舞蹈、体操、歌唱、书画等艺术技能，培养女孩温柔、细致的个性。由于现在的早教机构、幼儿园多是女老师，所以，培养男孩的性别意识应该更早、更用心，尤其是父亲应多带儿子一起游戏玩耍，让孩子从爸爸身上学习如何做男生。

"性"与生俱来，伴随孩子的一生。性教育包含了性别与尊重的教育、爱与生命的教育、情感与责任的教育、道德与法制的教育，性教育就是爱的教育！父母才是孩子最好的老师，要通过自己的态度、价值观与行为去引导孩子，帮助他们获得健康、科学的性知识。

　　父母是宝宝最好的保健医生，照护好宝宝的身体是每个家庭的头等大事。为了防患于未然，我们根据宝宝常见疾病症状与意外伤害梳理出17条家庭处理对策及建议，供家长学习参考。只有了解各种疾病并做好预防，当宝宝的疾病来临时，才能把握好时机，使得宝宝健康成长。

第四章

婴幼儿常见症状与意外伤害的
家庭处理

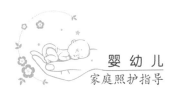

一、发热

发热是人体的一种自我保护机制，"是身体在同病菌进行拉锯战"。其实，发热就是启动自身免疫的一种标志。

一般来说，宝宝正常的腋下体温是36～37℃，如果腋下的体温达到37.5℃就是发热。此时，父母可以先观察4～5个小时，同时，可以根据以下情况选择处理方法：

（1）宝宝打疫苗后，或者出牙、出疹时，发热是正常的，不必急于退热。

（2）3个月以内的宝宝出现发热症状，家长一定要重视，及时送到医院。因为3个月以内的孩子还不会表达，发热严重时也反映不出来，很可能错过最佳的治疗时机。

（3）3个月以上的宝宝体温在40℃以内，如果宝宝精神状态好、能吃能睡，这种情况不用着急，可以在家做简单处理，给宝宝进行物理降温：松开衣物或包被，勤喂温开水，用温热的湿毛巾擦拭颌下、腋下和腹股沟，给宝宝洗温水澡等。同时注意观察宝宝的体温变化及精神状态、吃奶情况等是否正常。

（4）当宝宝体温在40℃以上，同时精神状态欠佳、烦躁不安，或者精神萎靡不振，有其他不舒服的表现时，需要去医院就医。

温馨提示

通常给幼儿测体温的方法有以下几种：

1.测腋温：测前要先擦干腋窝的汗液，再将体温计的水银端放在腋窝顶部，腋下夹紧测量3～5分钟，正常范围是36～37℃。此法方便易操作。

2.测肛温：让宝宝屈膝侧躺或仰卧露出臀部，给体温计水银端涂抹凡士林润滑后，缓缓插入肛门2～3厘米，放置3分钟后读数，正常值为36.6～37.5℃。由于婴幼儿不懂得配合，这种方法家长易于控制。

3.测口温：先用医用酒精消毒体温计，之后放在宝宝舌头下方，口唇紧闭，放置5分钟后就可以拿出来读数了。口测法的体温正常值为36.3～37.2℃。这种方法比较准确，但因为宝宝太小，不能配合，万一咬破体温计则会发生水银泄漏。

红外测温仪的使用方法

常见红外测温仪有耳温枪、额温枪，测量时间短，使用方便。耳温枪每次使用后需用酒精擦洗消毒，额温枪则不需要直接接触皮肤，减少了交叉感染的概率。正常范围是36.5～37.5℃。

从测量准确性来看：水银温度计＞电子温度计＞耳温枪/额温枪。

二、咳嗽

宝宝早上起床有几声轻轻的咳嗽，这可能是在清理晚上积存在呼吸道里的黏液，属于正常生理现象，父母不必担心。但是宝宝的有些咳嗽症状还是应该引起家长的足够重视。

（1）普通感冒：宝宝咳嗽时有痰液咳出，一天之中任何时间都会出现，但没有气喘或呼吸急促。

（2）百日咳：早期宝宝会在夜间咳嗽伴发热，然后会有猛烈而沙哑的阵咳，咳后会有深长的"鸡鸣样"吸气声。

（3）哮喘：宝宝持续咳嗽并常常伴有喘鸣或气喘，晚上或是在运动后会加重；当孩子接触到花粉、冷空气、动物皮屑、粉尘或是烟雾的时候，咳嗽、喘息也会加重。

（4）流行性感冒：由喉部发出略显嘶哑的咳嗽，隔一段时间咳一下，有时候干咳，有时候带痰。

（5）细支气管炎：宝宝咳嗽时有痰或伴有气喘，呼吸短促、微弱，或是呼吸困难。

（6）反流性食道炎：宝宝进食之后出现气喘及持续的沙哑的咳嗽。

（7）喉炎：表现为强烈的干咳，声音非常清晰，类似于"犬吠"，通常发生在午

夜。这种声音不同于你以前听到过的咳嗽声。

咳嗽的家庭护理非常重要，护理得当方能帮助宝宝身体恢复。

可经常给宝宝翻身或拍背，一则促进肺部的血液循环，二来使支气管内的痰液松动而易于排出。拍背时可抱宝宝侧卧，家长五指微曲成半环状，即半握拳，轻拍宝宝的背部，两侧交替进行。拍击力量不宜过大，由上而下，从外向内，依次进行。每侧拍3~5分钟，每天2~3次。如果有家用医用雾化器，可以给宝宝雾化，起到化痰止咳的效用。

当然，还要保持空气流通和室内的湿度。

　　6个月以下婴儿的咳嗽是一种不正常的症状，可能是严重的肺部感染的体征。如果发生，要立即带宝宝去医院。

　　3岁以下的宝宝咳嗽反射较差，痰液不易排出。如果宝宝一咳嗽便给予较强的止咳药，咳嗽暂时是止住了，但痰液却不能顺利排出。如果痰液大量蓄积在气管和支气管内，会造成气管堵塞。

三、流鼻涕

宝宝流鼻涕通常是这样的过程，刚开始流清水状鼻涕，接着是白黏鼻涕，然后才是黄脓鼻涕。流鼻涕的症状不同，所采用的处理方法也不同。

流清鼻涕时，多喝开水即可；流鼻涕还打喷嚏，可能是风寒所致，要做好宝宝的保暖措施，多喝开水，还可以采用煮姜汤等发汗的食疗方法；如果是黄脓鼻涕，且鼻子呼吸阻塞的情况比较严重，就要送宝宝去医院检查。

为了减轻宝宝流鼻涕的痛苦，家长们可以用一些简单的办法来护理：

（1）使用吸鼻器将宝宝鼻腔里面的分泌物吸出来。家长在使用前要清洁吸鼻器，先吸宝宝的一侧鼻孔，同时按住另一侧的鼻孔，这样效果会更好。

（2）如果孩子的鼻涕比较浓稠，导致孩子呼吸不顺畅，家长可以将热毛巾敷在宝宝鼻子上。鼻腔遇热后，浓稠的鼻涕就容易流出来。

（3）使用蒸脸器或用一个小盆装满热水，将宝宝的脸靠近盆吸收温热的水雾。鼻腔湿润后，有利于鼻涕排出。

四、鼻塞

宝宝容易鼻塞与其鼻腔的生理特点有很大关系。刚出生不久的小婴儿，由于鼻道还相对狭窄，鼻黏膜血管丰富，在冷热环境交替、异味等因素的刺激下，宝宝的鼻黏膜血管容易出现扩张、收缩，流清鼻涕，鼻涕慢慢干了会形成鼻痂，导致宝宝鼻塞。随着宝宝的长大，鼻腔结构不断完善，鼻塞症状会逐渐消失。

鼻塞宝宝的日常护理应注意以下几点：

（1）宝宝熟睡时，可以用蘸了生理盐水或橄榄油的消毒棉签，将鼻痂软化后，再轻轻清理出来。

（2）用温热的毛巾敷鼻根，再清除鼻痂。

（3）多吃母乳可以缓解症状。

（4）如果冬季环境比较干燥，在家可用加湿器保持屋内环境湿润。

温馨提示

如果宝宝有鼻塞，而且出现下列任何一种情况，就要立即送宝宝去医院：

1.体温超过39℃；

2.呼吸异常急促；

3.呼吸音粗糙或呼吸困难；

4.异常昏睡或嗜睡；

5.脸颊部或前额有皮疹或发红；

6.耳朵痛；

7.拒绝饮水。

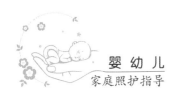

五、呕吐

1.1岁以内的宝宝发生呕吐

宝宝一般状况良好，吃饭正常，在吃奶后只吐了一点奶，这是正常的反胃，是宝宝吃奶时吞入了过多的气体引起的，只需在喂奶后将宝宝竖着抱起来，轻轻拍拍宝宝的后背，让宝宝打出奶嗝就不会发生吐奶了。

2个月以内的宝宝，如果每次喂奶后都会大量吐奶，需要立即去医院检查。

2个月以上的宝宝，如果状态不如平时活泼，吃奶少，体温在38℃以下，大便正常，偶尔吐了一次，家长不要太紧张，继续观察。若一天内呕吐两次或以上，就要带宝宝去医院检查了。

2个月以上的宝宝发生呕吐，且状态不如平时活泼，体温在38℃以上，咳嗽不止，或嗜睡，不愿意吃奶喝水，那么家长不要耽搁，立即带宝宝去医院检查。

温馨提示

　　宝宝的状态不如平日活泼，不论发热与否，若呕吐时伴随大便的次数增加，而且有水样便，那么就要带宝宝去医院了。如果医生的诊断是胃肠炎，让宝宝在家治疗，特别提示家长在24小时内停止给宝宝进食一切奶类及固体食物，母乳喂养的宝宝也要在24小时内停止母乳。第二天以后，再逐步恢复正常的饮食。

2.1岁以上的宝宝发生呕吐

宝宝持续腹痛3小时以上，呕吐后腹痛未减轻，此时，不要给宝宝喝水或者吃任何食物，立即送宝宝去医院就诊。

宝宝有腹痛，呕吐后减轻，精神状态良好，不咳嗽，大小便正常，像这样偶发的呕吐在儿童期是正常的，通常没有明显的身体方面的原因，可能是由于精神紧张引起的，家长仔细观察就好。

3. 宝宝呕吐家长要做些什么

宝宝在呕吐时自己会感到惊恐，这时的家长要冷静，可以把手放到宝宝的前额，这样孩子会感到很安心。呕吐后，帮助宝宝清理口腔，再用温毛巾擦净面孔。若宝宝不小心吐到衣服上了，要替宝宝换衣服，然后安慰宝宝躺下休息。

如果认为宝宝还会吐，就在附近放置一个空盆。注意让宝宝侧身而卧，以免呕吐物吸入呼吸道。

如果宝宝是持续性呕吐，家长可让宝宝适当禁食后少量多次饮用葡萄糖水，估计"吐出水量+排出（小便）水量"有多少，就需补充多少葡萄糖水，避免宝宝脱水。

如果宝宝有呕吐，而且出现下列任何一种情况，都要立即送宝宝去医院：

1.持续腹痛超过3小时；

2.复发呕吐超过12小时；

3.拒绝饮水；

4.眼睛凹陷；

5.舌干；

6.异常嗜睡；

7.6小时以上无尿排出；

8.呕吐物呈黄绿色。

六、腹泻

2岁以内的宝宝腹泻，如果精神好且无发热呕吐现象，那么可按以下情况分别处理。

（1）腹泻物中能辨认出食物残渣。这是由于宝宝消化酶和胃酸分泌少，不能

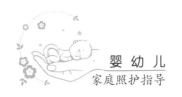

很好地消化食物而出现的情况，称为生理性腹泻。此时，应避免不恰当的药物治疗，应合理喂养，逐步添加辅食，每次添加限一种。人工喂养者，要选择合适的代乳品。

（2）消化道感染，这是宝宝腹泻最常见的原因。多数宝宝不需要服药，在孩子没有脱水的情况下，可采取以下方法让身体自愈：

第一天，只给孩子纯净的流食，例如果汁、米汤等。

第二天，加菜泥、不加糖的果泥（例如土豆泥、香蕉泥或苹果泥），或者动物骨熬成的汤。

第三天，加鸡肉或者鸡汤。

第四天，软面条、蛋、肉、鱼。

第五天，恢复正常饮食。

（3）食物过敏导致腹泻，通常是对特殊食物的过敏反应引起的。如果家长中有一方是过敏体质，他们的孩子多数容易有过敏反应。牛奶是最常见的会引起过敏反应而造成持久性腹泻的食物。可能引起过敏的食物还有鱼、蛋、果仁、人造色素和防腐剂等。那么，不吃这些食物就可以了。

温馨提示

如果宝宝有腹泻，而且出现下列任何一种情况，就要立即送医院：

1.持续腹痛超过6小时；

2.复发呕吐超过12小时；

3.拒绝饮水；

4.两眼凹陷；

5.皮肤松弛、干燥；

6.异常嗜睡；

7.无尿达到6小时以上。

七、磕碰到头部

宝宝自从会翻身开始，活动量慢慢增加。玩耍时，头部难免会受到碰撞。有的宝宝走路不太协调，常常容易摔倒碰到头部。由于宝宝囟门未闭，头部缓冲力较好，一般轻度头皮挫伤不会影响发育和留有后遗症。

1.需要观察的状况

（1）大声哭，但会很快停止，情绪无异常。

（2）磕出包或青一块紫一块，但脸色还不错，情绪也很好。

出现以上情况，可以在家中自己处理：

（1）立即用凉水冷敷消肿，24小时后可以用温水热敷患处，以促进局部血液循环，加速瘀血消散。

（2）不要用手触碰起包处，可喷消炎的喷剂，也可用民间土法在起包处涂些香油，或宝宝睡觉时将土豆切片敷在上面，起到消炎消肿作用。

2.注意观察过后的情况

（1）当出现无意识、持续呕吐、痉挛时，不要动宝宝，到救护车来为止，让宝宝保持平躺不动，头微侧。

（2）呕吐时，让宝宝侧躺，避免呕吐物堵塞气管。

（3）当时无异常，但过后常常发呆，脸色渐渐不好，全身无力，还经常呕吐，出现上述症状时就要立即送医院（脑外科）检查。

八、眼睛受伤

1.眼睛进了异物

当宝宝的眼睛进了异物，如灰尘、沙粒、小昆虫、金属碎块及木屑等，不能用手

使劲揉擦眼睛，也不能用嘴吹眼睛，更不能用不清洁的纸角、手绢等企图把眼角膜上的异物擦下来，因为这些做法去不掉异物，还可能引起角膜损伤加重，感染加深，甚至最后发展成化脓性角膜溃疡。

正确的处理方法：告诉宝宝先闭上眼睛，在泪液较多时眨眼数次，异物可能随着泪液冲洗到眼外。如症状未消失，就要立即送医院眼科去除异物。

2.眼睛被化学灼伤

宝宝眼部被酸、碱等化学液体灼伤，应立即用大量干净水冲洗眼睛。方法是用手指将眼皮撑开，冲洗至少持续10分钟，同时让宝宝反复开闭双眼，尽可能转动眼球，冲淡稀释化学药品的浓度。冲洗后，用干净纱布、纸巾盖住眼睛，立刻送医院救治。

3.眼睛被刺伤

宝宝眼睛被尖锐物品刺伤时，立即让宝宝平躺，严禁用水冲洗伤眼或涂抹任何药物，在伤眼上加盖清洁纱布后，立即抬送医院抢救。途中应安抚宝宝情绪，减少哭闹，尽量减少路途中的颠簸。

4.眼睛周围损伤

钝器打击眼眶周围，软组织肿胀而无破口，皮下瘀血、青紫，这时立即用冰袋或凉毛巾进行局部冷敷，24小时后可改为热敷，以促进局部瘀血的吸收。

眼眶周围有皮肤裂伤，必须注意保持创面清洁，用干净的纱布包扎即可，尽快送往医院眼科进行清创缝合。

九、脱臼、牵拉肘

3岁以下的宝宝骨骼和肌肉还处在发育阶段，桡骨头上端尚未发育完全，肘关节囊及韧带均较松弛薄弱，稳定性和保护性都比较差，所以在韧带上施加很小的力就可以造成骨头轻微脱位——脱臼。肩膀和手肘是最常见的脱臼部位，有些小宝宝的髋关节（大腿根部）也同样容易脱臼。

发生关节脱臼需尽早就医。就医越及时，恢复得也越快，因为关节脱臼的时间越长，复位就越痛苦越困难，有些孩子甚至可能需要使用麻醉药才能复位。

如果怀疑宝宝胳膊脱臼，可以把玩具放在宝宝跟前让他伸手抓。如果宝宝能无痛苦、很轻松地把玩具举过头顶，就说明没有脱臼；反之，如果宝宝的手臂无法抬举，就极有可能是脱臼了。

1.关节脱臼，家长该如何处理？

（1）安抚宝宝的情绪，让宝宝手臂处于目前最舒适的姿势，必要时可以用夹板、绷带等轻轻固定脱臼的部位，尽快就医。

（2）千万不要自己尝试复位，以免给宝宝造成二次伤害。

2.如何预防关节脱臼？

由于宝宝脱臼的情况非常普遍，但宝宝通常说不清楚自己的感受，父母一时疏忽，就可能让宝宝忍受很久的疼痛。因此，预防脱臼就更为重要。

（1）要举起宝宝的时候尽量不要拉他的手腕或者前臂，采取抱的方法（比如抱住腋下）将孩子举起来，并且告诉家里的其他看护者也要这样做。

（2）如果在某些紧急情况下，比如宝宝快摔倒时，请拉宝宝的大臂。

（3）拉着宝宝荡秋千、转圈圈玩得很开心，其实这些动作对于骨骼还没有发育好的宝宝们都是很危险的，尽量避免做这些动作。

（4）给宝宝脱衣服的时候、带宝宝上楼梯的时候，或者让宝宝一个人牵着宠物时，如果孩子不配合，家长又很着急地拖拽，就可能造成宝宝脱臼。

关节脱臼一般不会给宝宝造成永久的伤害，家长不用过于担心。

需要注意的是，宝宝脱臼复位容易，复发也很容易，尤其是对发生过脱臼的宝宝，家长平时千万不可大意。随着宝宝年龄的增长，到了6岁以后，发生脱臼的概率就会大大降低。

十、手指或脚趾受伤

3岁以内的宝宝，手指常常会在关门、推拉抽屉时被门缝、抽屉边缘挤压受伤，脚趾会被重物砸伤。一旦宝宝受伤，家长要根据宝宝受伤部位的情况，在家采取措施救治宝宝，减轻宝宝的痛苦。

（1）伤处肿胀，有可能是挤伤后引起局部软组织损伤，这时要尽量抬高宝宝的伤肢，以减轻伤处肿胀疼痛。24小时内用冰块（毛巾包住）或冷毛巾在伤处冷敷，24小时后可以热敷消肿。

（2）伤处明显肿胀发青，手指屈伸活动明显受限，家长注意不要尝试自己动手将受伤的手指或脚趾弄直，要立即送宝宝去医院手外科就诊，确认是否发生骨折。

（3）如果有指甲脱落或指甲下出血，家长要包扎一下伤口，不要让宝宝碰触到伤口，立即带宝宝去医院处理。

十一、被猫狗等动物咬伤

宝宝因为年纪小，还不太懂得保护自己，而且对外界也存有强烈的好奇心，会被一些小动物吸引，因此容易受到猫、狗等小动物的伤害。即使看起来健康的猫、狗，也有可能携带狂犬病毒，而人一旦感染狂犬病毒，发病后死亡率几乎为100%，因此不可掉以轻心。

被猫狗咬伤或抓伤后，要立即进行处理：

（1）冲洗伤口。在宝宝被咬的第一时间，立刻用流动清水或20%的肥皂水冲洗伤口，冲洗的水流要急、水量要大。猫狗咬的伤口往往外口小，里面深，冲洗时尽量充分暴露伤口，并用力挤压伤口周围软组织，狂犬病毒是厌氧型的，不可包扎伤口。

（2）消毒杀菌。如果宝宝的伤口较小，可以用碘伏或酒精擦拭消毒，不需要包扎，让其裸露在外更有利于愈合。但如果伤口较大，则需要到医院请医生进一步处理伤口。

（3）接种疫苗。宝宝一旦被咬伤，不管是否出血，不管对方是流浪狗还是家养宠物狗，都应在24小时以内带宝宝去医院接种狂犬病疫苗。

此外，即使宝宝的伤口没被及时发现，已经超过24小时，只要没有发病，接种疫苗都来得及。狂犬病的潜伏周期通常是1~3个月，家长们千万不要大意。除此之外，疫苗也有保护期，如果宝宝在狂犬病接种疫苗后又被猫狗咬伤，需要找医生评估是否要再次接种。

十二、皮肤擦伤

宝宝在玩耍时不小心摔跤，容易擦伤皮肤，无论轻或重，家长做紧急处理非常重要。

处理宝宝皮肤擦伤的步骤：

（1）冲洗伤口：立即用自来水或者生理盐水清洗伤口上的脏东西，千万不能用力揉搓。

（2）消毒伤口：用碘伏消毒伤口。消毒伤口时，可能会有些疼痛，这时要安抚宝宝的情绪。

（3）止血：用干净的纱布压住清洁消毒后的伤口，来为宝宝止血。

（4）涂预防化脓的药物：为宝宝涂上防止化脓的药物，把纱布多叠几层敷在伤口上保护伤口，再缠上绷带固定纱布。如果是一般的小伤口，贴上创可贴即可。

温馨提示

一般来说，宝宝擦伤情况比较轻微时，家长自行处理即可，但遇到以下这几种情况，就需要把宝宝带到医院了。

1.脸上有严重擦伤。宝宝脸上的皮肤比较细嫩，而且发生擦伤时常常会头部先着地，这时眼睛周围或脸上的伤口可能会留下伤痕。小心起见，简单处

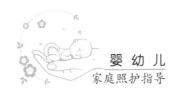
理后，应该带宝宝去小儿外科或眼科就诊。

2.异物无法取出。当家长处理伤口时，伤口中如果留有泥沙、玻璃碎片等小东西，用生理盐水冲洗还拿不出来的话，这时要迅速带宝宝去医院外科就诊。

3.伤口化脓。如果伤口一直潮湿不干，特别是宝宝在不干净的地方擦伤时，细菌会侵入皮肤，所以伤口一旦化脓，就要到外科就诊。

4.擦伤伴随跌伤。擦伤的同时经常伴随跌伤，如果宝宝感觉疼痛难忍的话，就要带他去看外科或骨科。

十三、烧烫伤

烧烫伤四步处理方法，可以有效地减轻宝宝烧烫伤的程度。注意就医前不能在伤处涂抹任何东西。

（1）宝宝被烧烫伤后，立即用自来水冲洗烧烫伤部位，并且持续足够长的时间。"立即"冲洗是最关键的一步，许多宝宝烧烫伤后如果可以做好这一步，那么烧烫伤的后果可能不会非常严重。但是不能把冰块放在烧烫伤部位。

（2）在自来水冲到疼痛感明显缓解后，轻轻脱下宝宝衣服，如果衣服紧紧贴在身体上，可以用剪刀剪开衣服，不要硬脱。

（3）做好以上两步后，可以进一步用自来水浸泡烧烫伤处。浸泡后用干净的纱布轻轻地覆盖在烫伤处，减少感染。

（4）做完这些紧急处理后，立即将宝宝送去医院治疗。

十四、异物哽住呼吸道

宝宝识别能力不强，容易将一些危险物品放入口中，如纽扣、硬币、弹珠等，父母们想要防治宝宝误吞异物，首先要将这些小的东西归拢放好，让宝宝的身边不出现这些小物件，尤其是电池、钉子、药丸之类的危险物品。和宝宝在一起时，父母的服饰也要简单牢固，防止衣服上的小零件松动被宝宝误食。吃饭时要固定好宝宝，不要让其乱蹦乱跳，在宝宝大哭或大笑、讲话时，不要给宝宝喂食以免呛到。还有，在宝宝咀嚼功能尚未发育完全时，不要喂食花生、豆类、果冻等食物。

一旦宝宝被异物卡住，不要用手去抠，越抠食物越往里走。此时家长们要及时做出反应，不要盲目等待就医。因此，学会海姆立克急救法，在关键时刻就能挽救一条生命。

1. 1岁以内的宝宝

步骤一：这个时期的婴儿如果发生窒息，应先将婴儿面朝下放置在手臂上，手臂贴着前胸，大拇指和其余四指分别卡在下颌骨位置，另一只手在婴儿背上肩胛骨中间拍5次，然后观察异物有没有被吐出。

步骤二：如果没有吐出，立刻将婴儿翻过来，头冲下，脚冲上，面对面放置在大人的大腿上。一手固定在婴儿头颈位置，一手伸出食指中指，快速压迫婴儿胸廓中间位置，重复5次之后将孩子翻过来重复步骤一，直至将异物排出为止。

2. 1岁以上的宝宝

施救者站在被救者身后，两手臂从宝宝身后绕过伸到肚脐与肋骨中间的地方，一手握成拳，另一手包住拳头，然后快速有力地向内上方冲击，直至将异物排出（海姆立克急救法）。

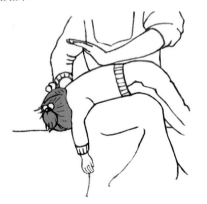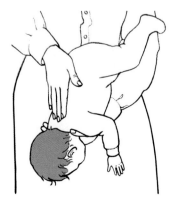

海姆立克急救法

十五、溺水

宝宝溺水救起时，第一时间要清理呼吸道，然后依据宝宝情况分别处理。

1.宝宝还有意识

应该马上让宝宝趴着，一手按住宝宝的腹部、一手按住背部，双手一起往上推，帮助宝宝把水吐出来；也可以让宝宝坐在大人腿上，让宝宝头朝下，轻轻敲宝宝的后背。

2.宝宝呼吸停止

立即给宝宝做人工呼吸（方法见212页温馨提示）。

3.宝宝没有呼吸也没有心跳

立即给宝宝做人工呼吸和胸外按压（方法见212页温馨提示）。

在给宝宝进行急救的同时，还要及时拨打120呼救。

十六、触电

0～3岁宝宝好奇心很强，他们可能会"到处探索"，去戳自己发现的小孔，所以父母一定要重视家里用电设施的安全，消除出现在宝宝视线内的安全隐患，防止宝宝触摸房间里的插座而触电。

据统计，因触电死亡的儿童人数占儿童意外死亡总人数的10.6%。如果提前掌握一些急救措施，能在宝宝触电后及时进行急救，会大大降低宝宝的生命危险。

第一步：切断电源。

宝宝触电后，家长勿用手触碰孩子，要在第一时间切断电源——关闭电源开关或拉电闸，如果找不到电源开关和电闸，可以用干燥的木棍、竹竿、塑料棒等不导电的物品把宝宝和触电物体隔离开。如果附近无木棒等工具，可用干绳子、衣服拧成带子套在触电宝宝身上，将其拉出。

第二步：观察宝宝的情况。

切断电源后，如果宝宝出现心慌、头晕、四肢发麻，让宝宝就地平躺，家长在旁守护，观察呼吸、心跳情况；如果发现宝宝丧失意志，家长可通过掐捏颌骨或拍打足底来观察宝宝的反应，尤其是要看胸腹部有没有起伏；如果宝宝在5~10秒内既没有反应，也没有呼吸动作的话，就需要立刻进行心肺复苏的抢救。

第三步：心肺复苏（胸外按压和人工呼吸）。

第四步：心肺复苏的同时需要打电话到急救中心。

家长在对宝宝进行心肺复苏的同时，还要让旁人打电话到急救中心，让医生前来抢救。在等待医生的同时进行心肺复苏的抢救，要以1∶5的比例进行，也就是人工呼吸做1次，心脏按压5次，并且不要移动宝宝。

> 温馨提示
>
> 开放气道后要马上检查宝宝无呼吸，如果没有，应立即进行人工呼吸。最常见、最方便的人工呼吸方法是口对口人工呼吸和口对鼻人工呼吸。口对口人工呼吸时要用一手将病人的鼻孔捏紧（防止吹气气体从鼻孔排出而不能由口腔进入到肺内），深吸一口气，屏气，用口唇严密地包住宝宝的口唇（不留空隙），注意不要漏气，在保持气道畅通的操作下，将气体吹入口腔到肺部。吹气后，口唇离开，并松开捏鼻的手指，使气体呼出。观察宝宝的胸部有无起伏，如果吹气时胸部抬起，说明气道畅通。
>
> 胸外按压：
>
> 将宝宝环抱起来，双拇指重叠下压，或一手食指、中指并拢下压宝宝双乳连线与胸骨交叉点下方1横指处。下压深度：一岁以上至少25~35厘米，一岁以内至少15~25厘米。按压频率每分钟至少100次。

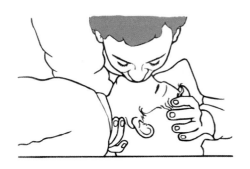
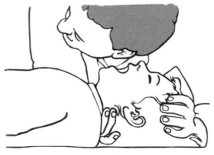

人工呼吸

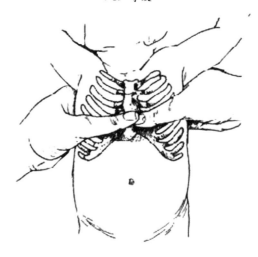

胸外按压

十七、跌落伤

儿童跌落损伤的性质、程度，与跌落高度、着地姿势等有关。损伤多见于头部及四肢，轻者软组织擦伤、挫伤，重者严重出血或发生骨折，甚至颅脑损伤出现意识不清、休克等症状。

那么，当儿童跌落受伤时应该如何急救呢？

1.擦伤

擦伤就是通常说的"擦破点皮"，伤口有少许渗血，出血量不大。此时要用干净的水(如自来水或纯净水)把伤口清洗干净，尤其是受伤时地面有土渣或沙粒，要将嵌入或划破皮肤的脏东西清洗干净，再涂上一些碘伏消毒，不用包扎。这种伤口不影响洗澡。

2.裂伤

裂伤就是通常说的"磕破了个口子"，伤口较深，出血较多。第一步止血，用消毒纱布或干净的毛巾压住出血处，直到不出血为止；第二步消毒，在伤口处涂上一些碘伏；第三步包扎，用消毒纱布、创可贴把伤口轻轻覆盖，包好就可以了。

3.挫伤

挫伤就是"血肿"，俗称"青包"。受伤24小时内，先用冷毛巾在伤口处冷敷，通过使血管收缩止住皮肤内层的毛细血管出血；24小时后，再用温毛巾在伤口处热敷，消除血肿。

何时去医院?

（1）如果宝宝的伤口出血比较多，而且不容易止住，或者伤口又深又脏，要及时带他去医院。

（2）当宝宝碰到头部时，除了做好当下的急救，还要观察宝宝的表现。如果出现呕吐、精神萎靡，最好去医院检查，以防轻微脑震荡。

（3）骨折。当孩子从高处落下时，要格外注意判断是否有骨折，比如不能抬臂，不能站立，皮肤上有异常折角、隆起、青紫、瘀血等情况，孩子哭闹剧烈，拒绝触摸，表情痛苦，有这些情况就要立即送医院检查。

附 录

婴幼儿
家庭照护指导

陕西省教育厅文件

陕教基〔2005〕68号

关于印发《0～3岁婴幼儿教养方案（试行）》的通知

各市教育局、杨凌示范区科教发展局：

为了进一步贯彻《国务院办公厅转发教育部等十个部门（单位）关于幼儿教育改革与发展指导意见的通知》（国办发〔2003〕13号）的精神，落实《陕西省人民政府办公厅转发省教育厅等部门（单位）实施国家关于幼儿教育改革与发展指导意见方案的通知》（陕政办发〔2003〕89号），积极开展0～3岁婴幼儿的早期教养工作，为0～3岁儿童和家长提供早期保育和教育服务，结合我省实际，省教育厅制订了《0～3岁婴幼儿教养方案（试行）》（下简称《方案》），现印发给你们，请贯彻试行。

希望各市与各有关部门和社区携手，积极利用多种宣传媒介，采取多种形式，广泛、深入地宣传《方案》，使广大的学前教育工作者、家长以及社会人士都能了解《方案》的教养理念和基本要求，并按照《方案》的要求，积极探索适合0～3岁儿童发展需要的教养形式和内容，使婴幼儿健康活泼地成长。

希望广大学前教育工作者在教养实践中积极探索，不断研究和解决出现的困难和问题，注意总结积累经验，《方案》执行中如有好的意见和建议，请及时反馈省教育厅基础教育处。

附件：《0～3岁婴幼儿教养方案（试行）》

二〇〇五年九月七日

0～3岁婴幼儿教养方案

（试　行）

目　录

0～3岁婴幼儿教养方案（试行）

为了进一步推进我省学前教育事业的发展，实现托幼一体化的教育，提高学前教育机构对3岁前婴幼儿教养工作水平和家庭教育指导水平，特制订《0～3岁婴幼儿教养方案（试行）》作为我省0～3岁婴幼儿早期教育试点幼儿园实施3岁前教养工作的活动指南，也可为家庭教养提供参考。

一、教养理念

1. 亲爱儿童　满足需求　重视婴幼儿的情感关怀，强调以亲为先，以情为主，关爱儿童，赋予亲情，满足婴幼儿成长的需求。创设良好环境，在宽松的氛围中，让婴幼儿开心、开口、开窍。尊重婴幼儿的意愿，使他们积极主动、健康愉快地发展。

2. 以养为主　教养融合　强调婴幼儿的身心健康是发展的基础，在开展保教

217

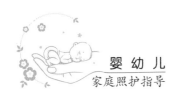

工作时，应把儿童的健康、安全及养育工作放在首位。坚持保育与教育紧密结合的原则，保中有教，教中重保，自然渗透，教养合一，促进婴幼儿生理与心理的和谐发展。

3. 关注发育 顺应发展 强调全面关心、关注、关怀婴幼儿的成长过程。在教养实践中，要把握成熟阶段和发展过程，关注多元智能和发展差异，关注经验获得的机会和发展潜能。学会尊重婴幼儿身心发展规律，顺应儿童的天性，让他们能在丰富的、适宜的环境中自然发展，和谐发展，充实发展。

4. 因人而异 开启潜能 重视婴幼儿在发育与健康、感知与运动、认知与语言、情感与社会性等方面的发展差异，提倡更多地实施个别化的教育，使保教工作以自然的差异为基础。同时，要充分认识到人生许多良好的品质和智慧的获得均在生命的早期，必须密切关注，把握机会，要提供适宜刺激，诱发多种经验，充分利用日常生活与游戏中的学习情景，开启潜能，推进发展。

二、教养内容与要求

新生儿

1. 自然睡眠，房间空气清新，温度适宜，洁净温馨。

2. 按需哺乳，面带微笑，目光注视，经常进行肌肤抚触与搂抱。

3. 勤洗澡、换衣裤和尿布，保持皮肤清洁和干燥。经常对眼睛、脐部、大小便进行观察。

4. 提供适量的视听刺激，常听舒缓柔和的音乐声、玩具声和讲话声，常看会动的玩具和人脸等，适宜距离为15～30厘米。

1～3个月

1. 自然形成有规律的哺乳、睡眠。及时添加生长所需的营养补充剂。

2. 在适宜时间内进行适量的户外活动和户外睡眠。

3. 提供便于抓握、带声响、色彩鲜艳、无毒卫生的玩具，练习俯卧抬头、目光追视、抓握、侧翻等动作。

4. 在逗引交流中，对亲近的人和声音产生反应，从微笑发展到大声笑，情绪愉快，培育母婴依恋亲情。

3～6个月

1. 睡眠时间充足，逐渐养成自然入睡、有规律睡眠的习惯。

2. 用小手扶着奶瓶吸吮奶、水，按月龄添加辅助食品，逐渐形成定时喂哺。

3. 在穿衣、盥洗中，乐意接受洗脸、洗手、洗屁股、洗澡。

4. 学习翻身和靠坐，主动伸手抓住玩具，并双手自玩。

5. 学习辨别亲近人的声音，转向发声（叫他名字）的方向，用"咿呀"声与人交流。

6. 注视和学习辨认周围生活环境中的人、物和事。

7. 对熟悉的音乐有愉快的情绪反应。

6～12个月

1. 逐渐形成定时睡眠（白天2～3次，一昼夜13～15小时），自然入睡。

2. 逐渐提供各类适宜的食物，初步适应咀嚼、吞咽固体食品，尝试用杯喝水、用勺喂食。

3. 配合成人为其穿衣、剪指甲、理发和盥洗等活动。学着坐盆排便，对大小便的语音信号有反应，有一定的排便规律。

4. 练习独坐、爬行、扶住行走、捏拿小物件，学做简单的模仿动作。

5. 模仿成人的发音，听懂简单的词，并做出相应的反应（如指认五官等）。

6. 用表情、动作、语音等回应他人。

7. 跟着音乐节律随意摆动身体。

12～18个月

1. 按时起床、入睡，醒后不哭吵，情绪保持愉快（白天睡1～2次，一昼夜睡12～14小时）。

2. 自己用杯子喝水（奶），停用奶瓶吸吮，尝试在成人的帮助下用小勺自己进食，形成定时、定位专心进餐的习惯。

3. 饭前要洗手，饭后要擦嘴、喝水漱口。学用语言或动作表示大小便，并在厕所坐盆便溺。

4. 练习独立行走、下蹲、转弯，学着扶栏杆上下小楼梯等。

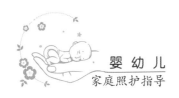

5. 选择自己喜欢的玩具进行摆弄和玩乐。

6. 模仿成人的单词或短句，学着称呼人、用单词句表达自己的需求。

7. 尝试用喜、怒、哀、乐行为表达自己情感。

8. 感知周围生活环境中的花草和树木、人和物，会指指认认。

9. 感受音乐节奏带来的快乐，跟着音乐做肢体动作。尝试涂涂画画。

18～24个月

1. 有充足的睡眠时间（一昼夜睡12～13小时），睡前要脱衣裤。

2. 学用小勺自己进餐，养成吃一口、嚼一口、咽一口的习惯，口渴时喝水。

3. 在盥洗时学着使用肥皂、毛巾。在成人的帮助下学脱鞋子、裤子、袜子和外衣。

4. 练习自如地走、跑，双脚原地并跳，举手过肩扔球，叠高小积木，串大珠子，并学着收放玩具。

5. 学用简单句（双词句）表达自己的需求，说出自己的名字，喜欢亲子阅读、听故事、学念儿歌。

6. 辨别周围生活环境中的常见物，对物体形状、冷热、大小、颜色、软硬差别明显的特征有初步的认知体验。

7. 经提醒与人打招呼，学着在同伴中玩耍、游戏。初步懂得简单是非，学着遵守规则。

8. 随着音乐节奏做模仿动作，跟唱简单的歌曲。喜欢涂涂画画。

24～36个月

1. 按时上床，安静入睡，醒后不影响别人，养成良好的睡眠习惯。

2. 用小勺吃完自己的一份饭菜，愿意吃各种食物，自主地用杯喝水（奶）。

3. 学用肥皂、毛巾自己洗手擦脸，主动如厕。

4. 有模仿成人做事的兴趣，学习自己穿脱简单衣裤、鞋袜，自己洗脸、洗手等。

5. 练习钻爬、上下楼梯、学走小斜坡，体验到其中的乐趣，有初步的环境适应能力。

6. 操作摆弄积木、珠子、纸、橡皮泥等玩具，提高手指的灵活性和手眼协调性。

7. 学用普通话来表达自己的需求，乐意参加阅读活动，喜欢讲述事情和学讲故事、念儿歌，理解并乐意执行成人简单的语言指令。

8. 在生活中感知常见的动植物和简单的数，觉察指认颜色、形状、时间（昼夜）、空间（上下、内外）等明显的不同，开始了解人、物、事之间的简单关系。

9. 逐渐适应集体生活，愿意接近老师和同伴。有初步的自我安全保护意识。学习对人有礼貌，不影响别人的活动。

10. 跟着唱唱跳跳，用声音、动作、涂画、粘贴等多种方式表达自己的感受。

三、组织与实施

幼儿教养活动的组织与实施，主要在托幼机构和家庭中进行。

（一）在托幼机构内，其教养活动的组织与实施主要在日常生活和游戏之中，具体体现在：

1. 营造清洁、安全、温馨的家庭式环境，提供方便、柔和、易消毒的生活设施，保障孩子身心健康、和谐地发展。

2. 充分考虑给孩子留有更大的活动空间，关注每个孩子对物品的不同需求，物品放置取用方便。

3. 观察了解不同月龄孩子的需要，把握孩子易于变化的情绪，尊重和满足孩子爱抚、亲近、搂抱等情感需求，给孩子母亲般的关爱。

4. 用轻柔适宜的音乐、朗朗上口的儿歌、简短明了的指导语组织日常活动，让孩子体验群体生活的愉悦。

5. 日常生活中各环节的安排要稳定，一项内容的活动时间不宜过长，内容与内容间要整合，同一内容可多次重复。活动方式要灵活多样，尽可能多地把活动安排在户外环境条件适宜的地方进行。

6. 创设爬、行自如的，能独自活动、平行活动、小群体活动的空间，区域隔栏要低矮。提供数量充足的、满足多种感知需要的玩具和材料。

7. 充分利用生活中的真实物品，挖掘其内含的多种教育价值，让孩子在摆弄、操作物品中，获得各种感官活动的经验。

8. 以蹲、跪、坐为主的平视方式，与孩子面对面、一对一地进行个别交流，成人的语速要慢，语句简短、重复，略带夸张。关注孩子的自言自语，在自愿、自发的前

提下，引导孩子多看、多听、多说、多动，主动与孩子交谈。

9. 随着孩子月龄的增长，适当创设语言交流、音乐感受及肢体律动等集体游戏的氛围，引发孩子的模仿学习。

10. 观察孩子的活动过程，及时捕捉和记录孩子行为的瞬间，用个案记录和分析的方法，因人而异地为孩子的发展制定个别化的教养方案及成长档案。

11. 家园共育，指导家长开展亲子游戏、亲子阅读等活动，为孩子的发展提供丰富多元的教育资源。

12. 为不同月龄孩子的父母提供早期教养服务。在尊重家长不同教养方式的前提下，给予科学、合理的育儿指导。

（二）在家庭中，其教养活动的操作与实施主要体现在:

1. 为孩子提供卫生、安全、舒适，充满亲情的环境和充足的活动空间。

2. 为1岁以内的孩子提供色彩对比明显、适量的挂件、玩物和图片，经常移动变化，防止孩子斜视。

3. 提供充足的奶量和水分，按月龄添加辅食及生长发育所需的营养补充剂，引导吃各种适宜的食物，注意个别差异。

4. 干净卫生的便器，细心观察护理，了解孩子的便意，给予及时回应。教会孩子主动表示大小便，逐步养成定时排便习惯。

5. 创设温度适宜、空气新鲜、光线柔和的睡眠环境，保证充足的睡眠时间，逐渐帮助孩子形成有规律的睡眠。

6. 提供保暖性好、透气性强、宽松适合的棉织衣物，鼓励孩子自己动手，学习穿脱衣裤和鞋袜。

7. 父母应保证每日有一小时以上的时间与孩子进行亲子交流。学会关注、捕捉孩子在情绪、动作、语言等方面出现的新行为，做到及时赞许，适时引导，满足孩子的依恋感和安全感。

8. 利用阳光、空气、水等自然因素，选择空气新鲜的绿化场所，开展适合孩子身心特点的户外游戏和体格锻炼，提高对自然环境的适应能力。

9. 提供丰富的语言环境，在生活活动中随时随地与孩子多讲话，进行沟通交流。选择适合孩子的图书和有声读物，多给孩子讲故事，念儿歌，进行面对面的亲子阅读。

10. 选择轻柔、愉快的音乐，让孩子倾听、感受。经常与孩子一起唱童谣、歌曲。

11. 收集日常生活中的物品，提供适合的玩具，经常和孩子一起游戏，帮助他们积累各种感知经验。

12. 创设与周围成人接触，与同龄、异龄伙伴活动的机会，感受交往的愉悦。

13. 选择身体健康、充满爱心、仪表整洁、具有一定育儿知识技能的照料者。

14. 家庭与育儿机构、家庭成员之间经常沟通，相互协调，保持教养要求的一致性。

15. 在家庭中设置"儿童保健药箱"，及时处理意外突发的小事件，确保孩子健康安全成长。

16. 利用社区教育、卫生资源，定时定期为孩子进行体格发育检查、预防接种，并参加有关育儿知识讲座及亲子活动。

四、观察要点

0～3岁婴幼儿发展水平"观察要点"，由发育与健康、感知与运动、认知与语言、情感与社会性四方面组成，其完整地、综合地体现在每一位婴幼儿身上。因此，保教人员和家长应掌握0～3岁婴幼儿不同发展水平的内容，并自如地运用至日常教养中，促进每一位0～3岁婴幼儿健康、快乐地成长

由于遗传、营养、教育等因素的影响，0～3岁婴幼儿的发展有个体差异性，表现为发展的速度不同、特点不同。而且就其本身而言，发展也存在着不平衡性。因此保教人员和家长在观察孩子的行为时，一方面应注意分辨其是正常行为还是异常行为。对异常行为，应及时就诊、及早矫治。另一方面，应注意分辨其实偶发行为（发展中正常的新行为）还是稳定行为。对发展中正常的新行为，应及时提供刺激，促进其向稳定行为发展。

保教人员和家长应遵循的孩子的发展规律，正确、科学地对待观察活动和观察结果。

婴幼儿
家庭照护指导

观察对象：新生儿（0～1个月）

发育与健康	感知与运动	认知与语言	情感与社会性
满月时 •身高约增加2.5厘米 •体重约增加0.8～1千克 •头围33～38厘米 •胸围比头围小1～2厘米 •皮肤饱满、红润 •视力很模糊，眼有光感或眼前手动感，但20～30厘米的东西看得还比较清晰 •大便有的2～3次/天，有的每块尿布上均有，色淡黄 •一昼夜睡18～20小时左右	•有很强的吮吸、拱头和握拳的本能反应 •常常会很用力地踢脚和四肢活动 •俯卧时尝试着要抬起头来	•无意识地对一两种味道有不同反应 •眼睛能注视红球，但持续的时间很短 •喜注视人脸 •有不同的哭声 •对说话声很敏感，尤其对高音很敏感	•当看见人的面部时活动减少 •哭吵时听到母亲的呼唤声能安静 •对孩子讲话或抱着时表现安静，当抱着时，孩子表现独特的有特征性的姿势（如紧紧地蜷曲像一个小猫）

观察对象：1～3个月

发育与健康	感知与运动	认知与语言	情感与社会性
3个月时 •平均身高，男孩为63.51厘米，女孩为61.88厘米 •平均体重，男孩为7.23千克，女孩为6.55千克 •平均头围，男孩为41.32厘米，女孩为40.30厘米 •平均胸围，男孩为42.07厘米，女孩为40.74厘米 •大便次数较前明显减少 •眼能追随活动的物体180°，视力标准为0.02 •奶量的差异开始明显，平均700毫升/天左右 •一昼夜睡16～18小时	•新生儿时的生理反射开始消失 •听力较前灵敏 •直立位头可转动自如 •头可随看到的物品或听到的声音转动180° •俯卧时抬头45° •仰卧位能变为侧卧位 •手指已放开，用手摸东西，能拉扯衣服 •能将两手碰在一起	•眼睛能立刻注意到大玩具，并追随着人的走动 •开始将声音和形象联系起来，试图找出声音的来源 •对成人逗引有反应，会发出"咕咕"声，而且会发a、o、e音 •注视自己的手 •能辨别不同人说话的声音及同一人带有不同情感的语调	•逗引时出现动嘴巴、伸舌头、微笑和摆动身体等情绪反应 •能忍受喂奶的短时间停顿 •看见最主要看护者的脸会笑 •自发微笑迎人，见人手足舞动表示欢乐，笑出声 •哭的时间减少，哭声分化

观察对象：3～6个月

发育与健康	感知与运动	认知与语言	情感与社会性
6个月时 •平均身高，男孩为69.66厘米，女孩为68.17厘米 •平均体重，男孩为8.77千克，女孩为8.27千克 •平均头围，男孩为44.44厘米，女孩为43.31厘米 •平均胸围，男孩为44.35厘米，女孩为43.57厘米 •能固定视物，看约75厘米远的物体，视力标准为0.04 •慢慢习惯用小勺喂吃逐渐添加的辅食 •流相当多的唾液 •大便1～3次/天 •大多数婴儿开始后半夜不喂奶，能整个晚上睡觉 •开始长出乳前牙 •血色素≥11克	•靠坐稳，独坐时身体稍前倾 •俯卧抬头90°，能抬胸，双臂支撑会翻身至仰卧，不久又会做反向动作 •扶腋下能站直，扶他（她）站起时，能在短时间内自己支撑 •双手能拿起面前玩具，能把玩具放入口中 •玩具从一只手换到另一只手时仍稍显笨拙。 •会将拳头放在嘴里，喜欢把东西往嘴里塞 •会撕纸 •玩手、脚	•会用很长的时间来审视物体和图形 •开始辨认生熟人 •会寻找东西，如手中玩具掉了，他（她）会用目光找它 •咿呀作语，开始发辅音，如d、n、m、b •看见熟人、玩具能发出愉悦的声音 •叫他名字会转头看	•会对着镜子中的像微笑、发音，会伸手试拍自己的镜像 •随着看护者情绪的变化而变化自己的情绪 •看到看护者时伸出两手举起期望抱他（她） •能辨别陌生人，见陌生人盯看、躲避、哭等 •开始怕羞，会害羞转开脸和身体 •高兴时大笑 •当将其独处或别人拿走他的小玩具时会表示反对 •会用哭声、面部表情和姿势动作与人沟通

观察对象：6～9个月

发育与健康	感知与运动	认知与语言	情感与社会性
9个月时 •平均身高，男孩为72.85厘米，女孩为71.20厘米 •平均体重，男孩9.52千克，女孩为8.90千克 •平均头围，男孩为45.43厘米，女孩44.38厘米 •平均胸围，男孩45.52厘米，女孩44.56厘米 •视力标准为0.1 •需大小便时会有表情或反应 •能自己拿着饼干咀嚼吞咽 •会吃稀粥 •上颌、下颌长出乳旁切牙 •一昼夜睡15小时左右	•独坐自如，自己坐起来躺下去 •扶双腕能站，站立时腰、髋、膝关节能伸直 •自己会四肢撑起爬 •用拇指、食指对指取物 •能拨弄桌上的小东西（大米花、葡萄干等） •将物换手 •有意识地摇东西（如拨浪鼓、小铃等），双手拿两物对敲	•会用眼睛审视某个物体，并不厌其烦地观察其特点和变化 •注意观察大人行动，模仿大人动作，如拍手 •会寻找隐藏起来的东西，如拿掉玩具上的盖布 •能分辨地点 •正在尝试操作探索，试图找出事物间的某种联系 •能重复发出某些元音和辅音，如"Ma-Ma、Ba-Ba"的音，但无所指 •试着模仿声音，发音越来越像真正的语言 •懂得几个词，如拍手、再见等	•懂得成人面部表情，对成人说"不"有反应，受责骂不高兴时会哭 •表现出喜爱家庭人员，对熟悉欢喜他（她）的成人伸出手臂要求抱 •对陌生人表现出各种行为，如怕羞、转过身、垂头、大哭、尖叫、拒绝玩或接受玩具，情绪不稳定，表现忧虑 •喜欢玩躲猫猫一类的交际游戏，而且会笑得非常激动、投入 •会注视，伸手去接触、摸另一个宝宝 •喜欢照镜子 •会挥手再见、招手欢迎，玩拍手游戏 •当从他（她）处拿走东西时，会遭到强烈的反抗 •听到表扬会高兴地重复刚才的动作

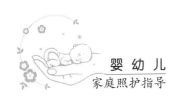

观察对象：9～12个月

发育与健康	感知与运动	认知与语言	情感与社会性
12个月时	•会用四肢爬行，且腹部不贴地面	•会用手指向他（她）感兴趣的东西	•会模仿手势，面部有表情地发出声音
•平均身高，男孩为78.02厘米，女孩为76.36厘米	•自己扶栏杆站起来	•故意把东西扔掉又捡起，把球滚向别人	•喜欢重复的游戏，例如"再见"、玩拍手游戏、躲猫猫
•平均体重，男孩为10.42千克，女孩为9.64千克	•自己会坐下	•将大圆圈套在木棍上	•显示出更强的独立性，不喜欢大人搀扶和被抱着
•平均头围，男孩为46.93厘米，女孩为45.64厘米	•自己扶物能蹲下取物，不会复位	•从杯子中取物放物（如积木、勺子），试把小丸投入瓶中	•更喜欢情感交流活动，还懂得采取不同的方式
•平均胸围，男孩为46.80厘米，女孩为45.43厘米	•独站稳，自己扶物可巡走	•喜欢看图画	•能玩简单的游戏，惊讶时发笑
•视力标准为0.2～0.25	•独走几步即扑向大人怀里	•能懂得一些词语的意义，如问："灯在哪儿呢？"会看灯，向他索要东西知道给	•准确地表示愤怒、害怕、感情嫉妒、焦急、同情、倔强
•血色素≥11克	•手指协调能力更好，如打开包糖的纸	•能按要求指向自己的耳朵、眼睛和鼻子	•以哭引人注意
•有规律地在固定时间大便，1～2次/天		•能说出最基本的语言，如"爸爸""妈妈"	•听从劝阻
•上、下颌开始长出第一乳磨牙		•出现难懂的话，自创一些词语来指称事物	
•流涎的现象减少		•用动作表示同意，如点头；或不同意，如摇头、摇手	
•一昼夜睡14小时左右			

观察对象：12~18个月

发育与健康	感知与运动	认知与语言	情感与社会性
18个月时 •平均身高，男孩为83.52厘来，女孩为82.51厘米 •平均体重，男孩为11.55千克，女孩为11.01千克 •平均头围，男孩为48.00厘米，女孩为46.76厘米 •平均胸围，男孩为48.38厘米，女孩为47.22厘米 •上下第一乳磨牙大多长出，乳尖牙开始萌出 •会咀嚼像苹果、梨等这样的食品，并能很协调地在搅拌后咽下 •前囟门闭合（正常为12~18个月） •能控制大便 •白天能控制小便	•走得稳 •自己能蹲，不扶物就能复位 •扶着一手，能上下楼梯2~3级 •会跑，但不稳 •味觉、嗅觉更灵敏，对物品有了手感 •会扔出球去，但无方向 •会用2~3块积木垒高 •能抓住一支蜡笔用手涂画 •能双手端碗 •会试着自己用小勺进食 •模仿母亲（主要教育者）做家务，如扫地	•开始自发地玩功能性游戏，如用玩具电话做出打电话的样子 •开始知道书的概念，如喜欢模仿翻书页 •喜欢玩有空间关系的游戏，如把水从一个容器倒入另一个容器中等 •理解简单的因果关系 •挑出不同的物品 •开始重复别人说过的话 •开始对熟悉的物品和人说出名称和姓名，但还不能分得很细 •会使用动词，如抱、吃、喝 •模仿常见动物的叫声	•能在镜中辨认出自己，并能叫出自己镜像中的名字 •对陌生人表示新奇 •在很短的时间内表现出丰富的情绪变化，如兴高采烈、生气、悲伤等 •看到别的小孩哭时，表现出痛苦的表情或跟着哭，表现出同情心 •受挫折时常常发脾气 •对选择玩具有偏爱 •醒着躺在床上，四处张望 •个别孩子吮拇指习惯达到高峰，特别在睡觉时 •喜欢单独玩或观看别人游戏活动 •会依附安全的东西，如毯子 •开始能理解并遵从成人简单的行为准则和规范 •对常规的改变和所有的突然变迁表示反对，表现出情绪不稳定

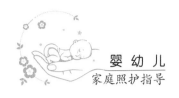

观察对象：18～24个月

发育与健康	感知与运动	认知与语言	情感与社会性
24个月时 •平均身高，男孩为89.91厘米，女孩为88.81厘米 •平均体重，男孩为12.89千克，女孩为12.33千克 •平均头围，男孩为48.57厘米，女孩为47.42厘米 •平均胸围，男孩为49.89厘米，女孩为48.84厘米 •视力标准为0.5 •会主动表示大小便，白天基本不尿湿裤子 •开始长第二乳磨牙，牙齿大概16颗 •一昼夜睡12～13小时	•连续跑3～4米，但不稳 •自己上下床（矮床） •会用脚尖走路（4～5步），但不稳 •一手扶栏杆自己上下楼梯（5～8级） •开始做原地的跳跃动作，如双脚跳起（同时离开地面） •能踢大球 •能蹲着玩 •能够双手举过头顶掷一个球 •能够根据音乐的节奏做动作 •用玻璃丝穿进扣子洞眼 •会把5～6块积木搭成塔 •能自己用汤匙吃东西	•开口表示个人需要 •能记住生活中熟悉物放置的固定地方，如糖罐 •喜欢看电视 •口数1～5，口手一致能数1～3 •开始理解事件发生的前后顺序 •按指示办事（3件，连续的） •开始知道自己是女孩还是男孩 •对声音的反应越来越强烈，并且喜欢这些声音的重复，如一遍又一遍地听一首歌、读一本书等 •说3～5个字的句子 •开始用名字称呼自己，开始会用"我" •说出常见东西的名称（50个）和用途 •听完故事能说出讲的是什么人、什么事 •随大人念几句儿歌 •会回答生活上的问题	•能区别成人的表情 •当父母或看护人离开房间时会感到沮丧 •在有提示的情况下，会说"请"和"谢谢" •与父母分离有恐惧 •对自己的独立性和完成一些技能感到骄傲 •不愿把东西给别人，只知道是"我的" •情绪变化开始变慢，如能较长地延续某种情绪状态 •交际性增强，较少表现出不友好和敌意 •会帮忙做事，如学着把玩具收拾好 •游戏时模仿父母的动作，如假装给娃娃喂饭、穿衣

观察对象：24～30个月

发育与健康	感知与运动	认知与语言	情感与社会性
30个月时	•能后退、侧着走和奔跑	•知道"大、小""多、少""上、下"，会比较多少、长短、大小	•有简单的是非观念
•平均身高，男孩为94.44厘米，女孩为92.93厘米	•能轻松地立定蹲下	•知道圆、方和三角形	•知道打人不好
	•会迈过低矮的障碍物		•仍会发脾气
	•能交替双脚走楼梯	•知道红色	•喜欢玩弄外生殖器
•平均体重，男孩为13.87千克，女孩为13.41千克	•能从楼梯末层跳下	•用积木搭桥、火车	•知道自己的全名
	•能独脚站2～5秒	•用纸折长方形	•和小朋友一起玩简单的角色游戏，会相互模仿，有模糊的角色装扮意识
•平均头围，男孩为49.31厘米，女孩为48.25厘米	•能随意滚球	•能数到10	
	•能控制活动方向	•游戏时能用物体或自己的身体部位代表其他物体(如手指当牙刷)	
•平均胸围，男孩为50.80厘米，女孩为49.67厘米	•举起手臂投掷，有方向		•开始意识到他人的情感
	•会骑三轮车和其他大轮的玩具车	•会用几个形容词	•开始能讨论自己的情感
•20颗乳牙已全部出齐	•会自己洗手、擦脸	•会问"这是什么?"	
	•会转动把手开门，旋开瓶盖取物	•会用"你""他""你们""他们"	
	•能用大号蜡笔涂涂画画，自己画垂直线、水平线	•会用连续词"和""跟"	
		•知道日用品名字(50个)	
	•一页一页五指抓翻书页	•会说简单的复合句叙述经过的事	
	•会穿鞋袜，会解衣扣，拉拉链	•会背儿歌8～10首	

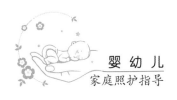
观察对象：30～36个月

发育与健康	感知与运动	认知与语言	情感与社会性
36个月时 •平均身高，男孩为97.26厘米，女孩为96.28厘米 •平均体重，男孩为14.73千克，女孩为14.22千克 •平均头围，男孩为49.63厘米，女孩为48.65厘米 •平均胸围，男孩为50.80厘米，女孩为49.91厘米 •视力标准为0.6 •晚上能控制大小便，不尿床	•单脚站5～10秒 •能双脚离地腾空连续跳跃2～3次 •能双脚交替灵活走楼梯 •能走直线 •能跨越一条短的平衡木 •能将球扔出3米多 •能按口令做操（4～8节），动作较准确 •用积木（积塑）搭（或插）成较形象的物体 •能模仿画圆、十字形 •会扣衣扣，会穿简单外衣 •试用筷子	•让他画方形时，可能会画一个长方形 •数6～10，口手合一能数1～5 •认识黄色、绿色 •懂得"里、外" •能用纸折小飞镖 •会问一些关于"什么""何时"和"为什么"的问题 •理解故事主要情节 •认识并说出100张左右图片名称 •能运用大约500个单词 •能说出有5～6个字的复杂句子 •开始运用"如果""和""但是"等词 •知道一些礼貌用语，如"谢谢"和"请"，并知道何时使用这些礼貌用语 •知道家里人的名字和简单的情况	•知道自己的性别及性的差异，能正确使用性别短语，倾向于玩属于自己性别的玩具和参加属于自己性别群体的活动 •和别人一起玩简单的游戏，如玩"过家家"游戏 •能和同龄小朋友分享同一事件，如把玩具分给别人 •知道等待轮流，但常常不耐心 •害怕黑暗和动物 •兄弟姐妹之间会比赛和产生嫉妒 •会整理玩具 •自己上床睡觉 •大吵大闹和发脾气已不常见，持续时间短 •有时试图努力隐瞒的感情 •对成功表现出积极的情感，对失败表现出消极的情感

参考文献

［1］ 国务院办公厅.国务院办公厅关于促进3岁以下婴幼儿照护服务发展的指导意见［EB/OL］.(2019-05-09)［2020-04-01］.http：//www.gov.cn/zhengce/content/2019-05/09/content_5389983.htm.

［2］ 卫生部妇幼保健与社区卫生司.中国7岁以下儿童生长发育参照标准［EB/OL］.(2009-06-02)［2020-04-01］.https：//baike.so.com/doc/24590816-25466015.html.

［3］ 伯尔根，雷德，托雷利.教保小小孩［M］.庄享静，译.南京：南京师范大学出版社，2006.

［4］ 王勇.一眼看懂小孩子［M］.北京：人民邮电出版社，2012.

［5］ 松田道雄.育儿百科［M］.王少丽，译.北京：华夏出版社，2002.

［6］ 彭懿.图画书：阅读与经典［M］.南昌：二十一世纪出版社，2006.

［7］ 冈萨雷斯-米纳，埃尔.婴幼儿及其照料者：尊重及回应式的保育和教育课程［M］.8版.张和颐，张萌，译.北京：商务印书馆，2016.

［8］ 戴利，拜尔斯，泰勒.早期教育理论的实际应用［M］.王海波，译.南京：南京师范大学出版社，2010.

［9］ 崔玉涛.崔玉涛育儿百科［M］.北京：中信出版集团，2016.

［10］ 朗文家庭医生.儿童病征识别及处理指南［M］.杭州：浙江科学技术出版社，1995.